那些創業的人，
後來都怎麼樣了？

Entrepreneurship

20位創業者的故事告訴你，
這些道理不要等當了老闆才懂

作者——達另

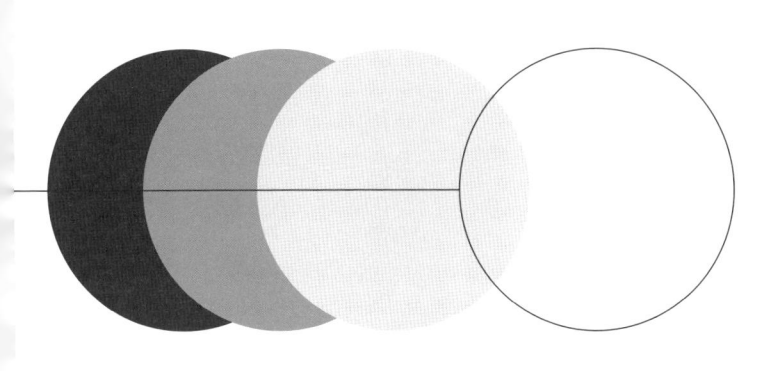

CONTENTS 目錄

自序 那些創業的人，後來都怎麼樣了／007

第一章　開始的信號

恰恰：很多事情，等你研究清楚後，就不敢做了／014

祝榮慶：什麼時代做什麼事／030

董冬冬：當命運對你關上了門，你要上去推一推／048

Maria：創業是一場無限遊戲／064

結語／084

第二章　成為老闆

李雲橋：生意上的頓悟，就是想通就好／090

唐龍：理想很空泛，要用現實填滿／106

Anna：這些道理，當了老闆才懂／124

李天琦：創業路上，我從不相信中庸之道／140

結語／156

第三章　創業的「道」與「術」

王正波：心臟變大顆後，就停不下來／162

王中江：人生就像滾雪球……／176

曾進：創業，是我對生活下的賭注／190

徐建傑：創業就是你比別人堅持久一點／208

小結／222

第四章　「不歸路」上的燃料

要華：創業不是一個人的事，是一群人的事／228

殷皓：創業路上，我打的是持久戰／246

李晴：誠信和善意是我的護身符／262

朱寅：再大的難題，只會保留一天／280

結語／298

第五章　創業辯證法

Nick：有些道理，跌到低谷才會領悟／304

張忠華：創業讓我實現人生三級跳／320

虞德慶：我相信人生模式大於商業模式／338

夏立城：創業是我近20年來的夢想／356

結語／374

後記　在別人的故事裡讀懂自己／378

目錄
CONTENTS

自序

那些創業的人,後來都怎麼樣了

大概每個人的心中都藏著一個創業夢想。

哪怕你是四處碰壁的求職者、哪怕你是朝九晚五的上班族、哪怕你是歲月靜好的家庭主婦、哪怕你是不缺錢的「富二代」⋯⋯

誰不曾有那麼一刻,動過創業的念頭。

最初的動機可能跟錢有關——透過創業開啟財富自由之路,從此過上衣食無憂、不愁吃穿的生活。

也許不單單是為了錢，只是為了讓自己擁有對命運的掌控感——我的人生我做主！（憑什麼要看老闆的臉色！）

抑或是為了那無處安放的才情與抱負——想試試看自己到底能不能make a dent in the universe.（萬一是下一個賈伯斯或馬斯克呢？）

想歸想，真要踏出創業這一步，沒那麼容易。
尤其是像你我這樣的普通人——家裡沒礦。
他們為什麼選擇了創業這條路？如何挺過各種急流暗礁？如何扛過各種磨難壓力？
如何在瞬息萬變的市場中站穩腳跟，贏得一席之地？他們是怎麼開始的？怎麼活下來的？怎麼成長、成熟的？後來又怎麼樣了？
這些問題，相信每個懷揣創業之心的人都想知道。
至少，我很想知道。

「56789」常用來概括民營經濟在中國經濟社會中的重要作用，即民營經濟貢獻了：
50%以上的稅收；
60%以上的國內生產總值；
70%以上的技術創新成果；

80%以上的城鎮勞動就業；

90%以上的企業數量。

民營經濟是國家經濟的重要組成，背後是無數創業者的心血和付出。

可惜，人們更願意為金字塔頂端創業成功的巨頭著書立說，如騰訊、華為、美團⋯⋯

強歸強，好歸好，但對一般普通的創業者來說太遙遠。大部分的創業者其實都不在鎂光燈下，他們獨自摸索、暗自掙扎，用勇氣和血淚，譜寫著不為眾人所知的傳奇。

他們的經歷和感悟，對大多數心存創業夢想的人來說尤為珍貴，也更具參考價值。

普通人創業的成功案例，是離我們創業夢想最近的地方，近在咫尺、觸手可及，只需要我們駐足聆聽。

於是，我在2020年底開始了「創業者如是說」的採訪寫作計畫。我嘗試把目光投注到鎂光燈之外的那90%的普通創業者群體，用口述訪談的方式，記錄創業者的成長故事和經驗感悟。選擇採訪對象時，我設定了一個簡單的篩選門檻：創業持續3年以上，公司依然在存續期，有穩定的現金流；從樣本範圍上，儘量包含各地擁有不同學經歷、處於不同年齡層、從事不同行業的創業者。採訪內容方面，我聚焦於創業者的成長經歷和創業過程中的里程碑，例如他們如何做出創業的決定？為創業做了哪些準備？如何應對創業困境？最寶貴的創業經驗和教訓是什麼？總

之,我相信最好的創業教科書來自白手起家的過來人,來自他們的真實經歷和親口講述。

醞釀這個採訪寫作計畫,我猶豫過也自我懷疑過,但開始做之後,全部是驚喜。不知不覺間,該計畫已經進行了3年。它像一顆魔法石,讓我與形形色色的創業者建立了深度連結。每一次長達數小時的訪談,就像一次關於個人成長、關於勇氣、關於價值創造的發現之旅,妙不可言。這種感覺像什麼呢?就像創業者們把他們的過往人生攤開來擺在我面前:創業路上的激流險灘、人生跌跌撞撞的「K線圖」、個人命運與時代脈搏的「交響曲」,皆盡收眼底,一覽無遺。

最讓我意外和感動的是,一旦訪談開始,每一位受訪的創業者好像都進入了真實之境,那種赤誠和坦蕩充滿了魔力,令人目不轉睛,陶醉不已。

我對宏大敘事不感興趣,但對微觀個體充滿熱忱。我相信那是真正的力量之所在、希望之所在。我相信每個人都有獨一無二的人生,而創業者這個群體,他們的人生濃度、密度、厚度、高度尤為出眾,就像一顆顆鑽石,無堅不摧、熠熠生輝,也因此特別值得被看見和書寫。

這本書裡,精選了「創業者如是說」採訪寫作計畫,近百個案例中20位創業者的口述訪談。每篇文章末尾附有採訪手記,有點像影片結尾的彩蛋,也可以當作我這個記錄者與讀者們的私密聊天室。

這20位創業者的故事，每一篇自成一體，是獨立和完整的個人成長史和創業史。為了出版的需要，我把20篇口述訪談文章分組放在了5個篇章裡，試圖透過這些真實案例的排列組合，讓創業路上「看不見」的「護身錦囊」和「行車指南」自然浮出水面，讓每一位讀者都能捕捉到傳說中那只可意會不可言傳的「創業心法」，並會心一笑。每章的最後，我都寫了一篇結語，回應並歸納關於創業核心問題的觀察與思考。讀者朋友們也可以把這些結語中的文字，當作我對這些創業故事的讀後感和碎碎念。

第一章《開始的信號》，我選了4位背景完全不同的創業者故事，希望讓大家看到他們在創業前做了哪些方面的鋪墊和準備，是什麼原因觸發了他們身上創業的開關，使得他們敢於縱身一躍，跳上創業這條船。

第二章《成為老闆》，「老闆」這個稱呼的背後，是一條佈滿荊棘、鳳凰涅槃般的淬煉之路。這章是4位創業者如何成為老闆的故事，從中可以直觀地去理解何為老闆？以及想要成為老闆？需要經歷什麼、改變什麼、堅持什麼、克服什麼、突破什麼？

第三章《創業的「道」與「術」》中的4位創業者，他們在各自領域不斷試錯，探究商業本質，也在不斷驗證和調整中，讓他們創業所持的價值觀和方法論更貼合。「道」與「術」的結合是虛與實的結合、是主觀與客觀的結合、是戰略與戰術的結合、是感性與理性的結合。一旦找對了，就事半功倍。

第四章《「不歸路」上的燃料》中，4位創業者的創業路並不順遂，但他們一直勇往直前，一路升級打怪，實現了極限突破。是什麼力量支撐著他們成為「打不死的小強」？他們不知疲倦的動力又源自何處？創業者需要建立什麼樣的支援系統來「供養」他們在「不歸路」上堅此下去？這是第四章要探討的主題。

創業是一場腦力、心力、體力的角逐，「不確定性」是創業最折磨人的地方，也是最讓人著迷的所在。「每天在極度興奮和極度焦慮中震盪，這就是創業者的生活。」

第五章《創業辯證法》中，我選了4位創業者的故事，他們分享的體會和洞察跳脫了特定行業的特性，更具廣泛代表性和普遍參考意義。希望從他們身上總結出的創業辯證法，可以幫助人們從容應對創業中的不確定性。

人們都說成功不可複製，「創業如何成功」沒有標準答案，但這本書裡每一位創業者的故事都飽含關於創業的力量，等待我們去發現、去體會。 現在就跟我一起開啟一段發現之旅吧。

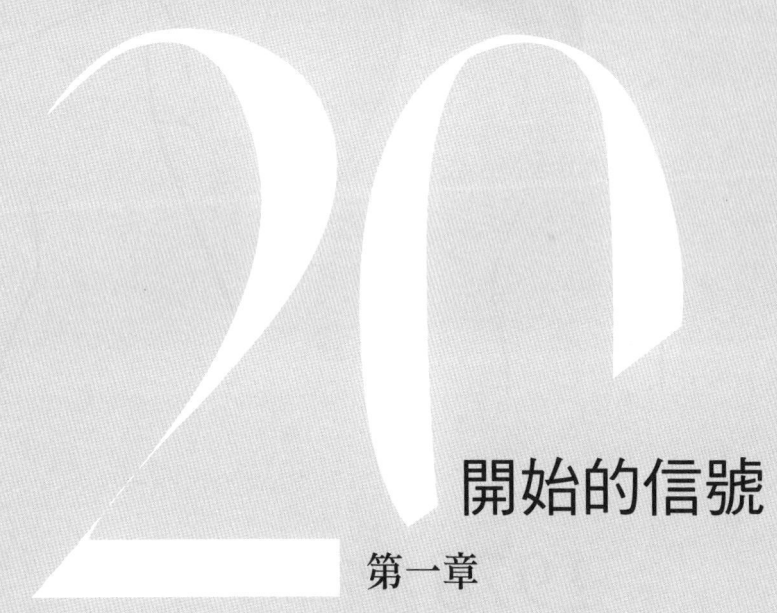

"良好的開端,是成功的一半。"

20 開始的信號

第一章

恰恰

1978 年生屬馬

- 巨蟹座
- 安徽寧國人

「很多事情,
等你研究清楚後,
就不敢做了

從事行業:活動公關執行

年營業額:8000 萬元 +

創業時間:23 年

創業資金:110 萬元

「創業的基因一直流在我的血液裡」

我爺爺當年是個財主,這在那個年代不是好事,他去世時我爸才3歲。爸爸飯吃不飽,也沒讀過書,一路向南逃荒,在一個小村莊安頓下來,這就是我出生的地方。

雖然我爸大字不識一個,但他是我心目中最有智慧的人。他告訴我,要想求安穩,你就當農民,好好種田;要想求富貴,你就做生意,無商不富。我媽媽是最老實的農村婦女,每天就是任勞任怨地工作,她常對我說:「捨得捨得,小捨小得,大捨大得。」我爸給了我他的觀念,我媽給了我她的個性。

我從小就和家裡大人一樣工作。割草餵豬、割麥子、砍柴、放牛、插秧……各種,家務農活都會。暑假的時候我去採茶,1斤大葉賺3元,我一天最多能採120斤,從天未亮一直採到太陽下山。有一年,我整個暑假採茶賺的錢,除了繳學費,我爸還能買給我一輛腳踏車,在那時候真的是一筆鉅款。

當時讀書最好的出路是考高職,有就業保障,這比考上明星高中還難。我們學校一年頂多能考上兩個,我成績還可以,在校排名20各左右,但高職肯定考不上。1994年我國中畢業,我爸不讓我繼續讀高中,但他肯花5000元供我弟弟讀高中,卻不肯讓我升學。我一氣之下決定離家出走,那年我16歲。臨走前,我媽偷偷塞給我20塊錢,這20塊錢是過年弟弟收的壓歲錢,媽媽給了我。

後來有部陸劇叫《田教授家的28個保姆》，我和我媽一起追劇。裡面的教授花錢供小保姆上學讀書，我真的好羨慕啊！我和我媽都覺得，要是到上海的一戶好人家當保姆，該有多好。

上火車，轉汽車，我一個人帶著20塊錢就上路了。剛巧同行的有兩個中年婦女，說是到上海保姆仲介所找工作。我不吭聲，只默默跟在她們後面，一路跟到仲介所，那小小的空間裡擠滿了人。我覺得我什麼工作都會做，什麼苦都肯吃，一定會有人要我，但是一直等到天黑，都沒人理我──我年紀太小了。仲介所收每人8塊錢，允許我們站在裡面過夜──當年夜間不能在外逗留，否則聽說會被當成無業遊民收容、遣返回老家。

我來上海的第一晚，是站著過的，人擠人，前胸貼後背。

第二天一早，我在旁邊一家麵館叫了一碗菜單上最便宜的蔥油拌麵，5元，端上來是乾巴巴的。家鄉的麵都有湯，我就問怎麼沒有湯？廚房裡站著個大媽，拿著一把大勺子，嘰裡呱啦對我講上海話，我一句也聽不懂，只低頭吃麵。到了中午，仲介所裡的阿姨看我很勤奮，分給我一個包子，幫我省下了午餐錢，但我口袋裡只剩下7元，連在裡面再站一晚的錢都不夠。我一直守在門口，看來來往往的人，希望他們就是我的雇主。

傍晚，我記得特別清楚，有個中年男子緩緩騎著腳踏車過來，都沒下車，腳踩在臺階上，往我們這邊看。我想都沒想，咻地一下衝上去說：「你是不是想請人，我什麼工作都肯做，也都會做，多少錢都可以，包吃包住就行……」我從來沒一口氣說過

這麼多話！我從小很內向，不擅表達，家裡有客人的時候，我寧願在廚房洗碗打雜，蹲在角落裡躲著，一直等到客人離開，也不願出去交際客套。從內向到外向的轉變，居然是一瞬間的事。當跨出那一步時，我才發現原來我也可以啊！

當時他愣了一下，就說：「那你跟我走吧。」我就坐在這個人的腳踏車後座上被帶走了。我當時心裡只想著：終於有人收留我了，終於有工作、有地方去了。老闆後來告訴我，當時選中我，就是覺得我膽大話多，而且我跟他女兒年齡相仿。

這是我的第一份工作，老闆開了一家溫州烤鴨店，在龍華菜市場有個不到2公尺寬的店面。我打雜，一個月800元，包吃包住。早上6點起床，洗200隻鴨子和一大桶海蜇，8點準時開店，一直到晚上7點。打烊後，再繼續清理收拾備料，一直忙到晚上12點。我當時只有一件工作服，不管多晚，我都把它洗乾淨晾乾第二天穿。做了20幾天，對面老闆挖我，薪水開到1200元。我徵求同住的老闆女兒的意見，她說：「你去吧，我爸肯定出不起1200元。」

「很多事情，等你研究清楚後，就不敢做了」

我來上海的前4年，做過十幾份工作：便當店、速食店、飯店……我沒有文憑，只能做服務生性質的工作，我還兼職做過直銷，宿舍裡囤過幾千元的直銷產品，後來還被人偷走……

創業前的最後一份工作，是賣廚房家具，每月底薪1300元，另有銷售分潤。師傅帶了我一個星期，就說你不用教了。很快我一個月就能拿到32000元，跟老闆也成為好朋友，就像一家人。我心裡一直有創業開店的念頭，上班除了跟客戶打交道、衝業績，我也會留意供應商們的往來，瞭解其中門路。當時住處隔壁就是一所進修學校，我報了社會人士進修的工商管理系，第一年就考過了7門課。教材是從英國引進的，內容系統全面，涵蓋合約磋商、談判技巧、採購詢價、供應商管理等，對我後來的創業幫助很大。

2000年，我到老闆家拜年，碰巧他家那條街上的一家轉角店面在出租，我一眼就看上了，寬敞明亮、上下有兩層、有弧形的玻璃拱門，它滿足了我對開店的一切想像，我當下就付了訂金。我的朋友和同事都覺得我瘋了。我其實也沒想好開店要做什麼，只是直覺告訴我，是時候開始了。很多事情，等你研究清楚後，就不敢做了。

店面350平方公尺，月租20000元，一次要付兩個月的租金和兩個月的押金，一下就要拿出8萬元。我沒有積蓄，平時跟朋友同事請客吃飯都花掉了。我弟弟存了20000元，全都拿了出來；我的好多朋友也願意借錢給我。有位同事直接把她的提款卡給我，說我只要留給她幾百元的生活費，剩下的都拿去用……我最初創業的啟動資金，就是這樣靠親戚朋友湊出來的。

付完房租搭公車回市區，路上經過花市，我看到人們抱著一

束束鮮花走出來，臉上笑咪咪的，我突然知道我開店要做什麼了。我立刻下車進了花市，找到一個賣花女孩，問她：「你現在的老闆給你多少薪水？」她說3200。我說：「我給你4800，來我店裡吧。」

　　來上海的第6年，我20歲出頭，第一次當上了老闆，還雇了第一個員工。

　　可是，我沒有嘗到當老闆的甜頭，反而叫苦連天。開店前半年虧得讓我懷疑人生！後來才知道，我當時太急著下定，房租是整條街最貴的。店鋪面積很大，每天一枝枝賣花，根本不敷成本。到最後，連我從花市請來的女生也受不了，跟我說：「要不然把她薪水降到3200元吧」。雖然我當時因為虧錢也著急，但心裡總相信沒有做不成的事，只有做不成事的人。當時附近到了晚上總是黑漆漆的，大家都沒有地方去，我就想讓我的花店成為晚間大家最愛逛的地方。我的花店從早上7點一直開到晚上10點，不管有沒有生意，裡裡外外都用鮮花、燈光妝點得漂漂亮亮，從遠處就能看見。

　　然後就是咬牙苦撐，我不信這麼好的地方沒人願意來。

　　我記得特別清楚：4月13日這天，離15號交房租、發薪水的日子，只剩2天，我已經彈盡糧絕快撐不下去的時候，突然來了一個20萬元的大訂單。當晚，我就一屁股坐在地上，幫花束綁蝴蝶結，燈光照著，周圍全是鮮花、彩帶、包裝紙；我綁了一捆又一

捆，一束又一束，堆得像小山一樣高，整整一個通宵，累並快樂著。從此，生意一天一天好起來。一天營業額最多能有40幾萬，一年下來毛利有3、400萬——我的直覺沒錯，我們那家花店真的成為當時住家附近晚上唯一可以逛的店。我從不拖欠房租，有一年房東資金上遇到困難，我還提前支付了幾年的房租。到了現在，花店開了20年，房租變成整條街最便宜的了。

因為開花店，慢慢接觸到很多做活動執行的供應商，比如公司開業、節日慶典、產品發佈會，我就跟他們聊，觀察他們如何做活動。我看到了各種爛事，也看到了商機，所以想自己去做。賣一朵花才賺多少錢？辦一場活動能賺多少錢？完全不是一個等級。

當時公關活動的企劃和執行往往是兩回事。大公司的企劃案做得很漂亮，但執行時常常大打折扣；而很多做現場搭建的是像工作室的小公司和小團隊，四五個人工作，一台車載貨，就開張了。這種公司做企劃不行，只能接一些餐廳開業的小案子。我相信我能做得更好。

一些花店的老客戶出於信任，就把活動執行的案子交給我做，我邊學邊做，基本上把活動執行的各層面都搞清楚了：宣傳品、陳列架、展台、噴繪、舞台、燈光、音響、控台、LED螢幕……我可以有把握地說，我能提供性價比最高的服務，因為活動現場的螺絲釘我都一個個親自鎖過，每一類供應商都是我千挑萬選。我的第一個大單有100萬，是在金山辦一場開工奠基儀式。

客戶其實知道我在這一行還是新手,但依然願意把這個案子交給我,他說:「因為妳值得信賴。」

我們在每個環節都做了精心準備,不敢有絲毫馬虎。然而天氣預報說活動當天有雨。

沒想到,活動那天豔陽高照,整場活動圓滿結束,將與會嘉賓一個個送上遊覽車後,滂沱大雨才從天而降,我心想:人要是努力到極致,老天爺都會幫你!

「公司文化不是寫在牆上的,是從心底裡長出來的」

2008年是我來上海的第15年,這年我正式註冊成立公司。

我們幫公司取了20個名字,前面19個都沒有通過核准,只能選擇最末尾的名字。一開始我還很失望,但漸漸地,「鼎極」這個名字得到公司上下和客戶的認同。我弟弟,也是我的合夥人,他說這個名字是「一言九鼎,追求極致」的意思。所以,公司文化不是寫在牆上、掛在嘴上的口號,它真的是從心底裡長出來、紮紮實實做出來的,為一個原本不起眼的名字賦予了品牌內涵和價值。

這次創業的啟動資金有100萬,是我開花店賺來的。我算了一下每月的薪資成本、房租成本,創業資金足夠我撐半年。我請了10名員工,他們以前有當銀行信貸專員的,還有保險公司採購、

房產仲介、裝潢公司櫃台、美容院的美容師,各種職業都有,就是沒有一個做過活動執行。上班的第一個星期是培訓,辦公室放投影,從最基礎的ABC和什麼是公關活動講起。我記得當時光是活動宣傳品的研習資料,就有500多項,培訓完會考試。

公司規模大了,成本一下子上漲,不能光吃老本,要開發新客戶,但客戶在哪裡?訂單怎麼找?

我的員工憑著以前的工作人脈,有的去陌生拜訪——就是開車在路上逛,看到哪家店在裝潢,貌似要開業,就上前攀談,類似現在說的「掃街」;有的靠打電話,我們花了幾千元買電話號碼,一通通打過去問有沒有需求(後來發現,這招一點用都沒有,接不到案子);還有的用網路行銷,買關鍵字,線上曝光。

新員工是最有鬥志的,他們渴望學習,渴望證明自己有用,越忙越有安全感,所以我都放手讓他們去試、去做,學費我出。神槍手都是一發發子彈練出來的,員工不怕犯錯、敢大膽去闖,才能迅速成長,獨當一面,也可以把我解放出來。

結果試出來,還是網路行銷最有效,公司成立後的第一個訂單有20萬元,就是網路行銷帶來的。之後我們就集中火力做網路行銷,業務量就像滾雪球一樣,一天天變大。

做活動執行,不管客戶的預算是15萬、100萬還是1000萬,只要他花了錢,都希望最終的呈現完美無缺、盡善盡美,中間哪怕有一個小環節沒做好,花多少錢都沒辦法彌補,因為它是不可逆

的。所以，你不管承擔多大的壓力，都要保證萬無一失。你必須一個個環節仔細安排，眼裡容不得沙子。小到文宣上的一個標點符號，印刷紙張的磅數、手感、光澤，座位牌的擺放順序，燈光的配比，背板固定得牢不牢、平不平……看似都是小的不能再小的事，似乎一點都不難，但要把成百上千件小事串聯在一起，真的不能耍小聰明，只能按步就班。

「幾個總監在工作計畫中寫說『明年業績翻倍』，我叫他們刪掉」

公司第一年營收突破400萬。2016年突破4000萬，2018年超過6000萬，我們的辦公地點也從蛋白區搬到了蛋黃區。開業至今，我沒有丟掉一個客戶，一旦開始，就會周而復始，一年又一年，他們的活動都會交給我們來做，還會主動幫我介紹新客戶。其實我並不擅長與客戶打交道，請客送禮攀交情那一套我都不會，我寧可忍受工作的累，也不想忍受揣摩人心的那種累。但神奇的是，客戶都很關照我，每次有活動需求都會想起我。

一路走來，客戶就是我的福報。上海的經商環境好，可以單純憑工作能力賺錢，有好多500強的大企業客戶，我們就是一個個參與招標，從投標流程入選的。我記得有家公司標了5次都打水漂，我和團隊說，就當作觀摩學習，看看別人是靠什麼打動客

戶。第6次，我們得標了！另一家公司也是我們透過投標做專案入選了他們的優秀供應商，到2020年我們已經連續服務他們6年。

公司業務強勁，團隊壯大了，幾個總監寫了「明年業績要翻倍」的工作計畫，我都叫他們刪掉。對公司的期盼太低太高都不行，尤其是太高的目標，那是欺騙自己、欺騙員工，有什麼好？目標是努力一下就能達成的才好，否則員工的信心沒了，什麼事都做不好；事做不好，客戶不滿意，口碑就沒了；口碑沒了，業務業績也就沒了，員工和公司更不會好。所以我和團隊說，努力做到跟去年一樣好，比去年好一點點就是最好。

「東猜西猜，不如大家坐在一起猜」

計畫趕不上變化，誰能預料到2020年有疫情呢？正月初二，我們團隊就開了一場線上會議，我說：「我們誰都不知道這次疫情什麼時候才會結束，我們只能做最壞的打算，做萬全的準備。」如果疫情一直是這樣，大家困在家裡，哪也不能去，我們該如何生存？什麼業務是不受疫情影響的？大家一致認為，把公關活動從線下搬到線上，是唯一的出路。但我們當時沒資源、沒技術、沒經驗，簡直就是個「三無團隊」。

春節期間，我和我的團隊沒做別的，就是天天看短影音，分析直播案例，看那些網紅帳號是怎麼玩的。我發現很多的帳號都在做直播帶貨，收割流量刷單，可是以我對客戶需求的瞭解，很

多企業客戶的業務並不適合線上直接賣貨，比如商業廣場，比如依靠經銷商、加盟商鋪貨的製造企業，他們以往更多依靠會展節慶、新品發佈會、商務考察類的品牌活動，現在線下辦不成，急需轉到線上，但沒有完全符合這種需求的供應商。我當時就有了做「雲端考察」業務的想法。

2月18日，總算進公司上班了，但大家大眼瞪小眼，沒有半個案子。與其東猜西猜，不如大家一起「猜」，我們就天天一起腦力激盪，一起分析案例，還開了一個影音帳號「阿D辦公室」，用個人化的趣味方式記錄辦公室日常。我想，哪怕公司最後倒了，好歹也有這樣的記錄，讓大家知道我們是怎麼「死」的，我們也曾努力過，奮鬥過。有一集是「老闆在做什麼？」，片尾鏡頭是老闆的電腦螢幕，上面顯示「辭退員工的溝通技巧」的搜尋結果，算是一種調侃。一集集的製作過程也是在練內功，讓團隊適應和習慣線上直播業務，訓練員工的企劃、製作、經營技巧，同時儲備相關設備、供應商和導演團隊。

3月15日是發薪日，我有點慌了，我看這樣下去到5月份也不會有案子，我的員工紛紛找我要求降薪當時公司帳上有800多萬，差不多能撐半年。我打電話向移民澳洲的前老闆求教，他送我8個字：保存力量，該裁就裁。他的意思是讓我裁員，縮減成本。我再三考慮，覺得還是應該再撐一撐，我一直相信船到橋頭自然直，沒把各種招式用完，沒把各種路數走遍，就不能太早棄械投

降。所以即便在疫情最困難的時期，公司也堅持不減薪，公司陪大家一起扛。

我以前從來不主動聯繫客戶，但這次是我第一次硬著頭皮一個個打電話給老客戶，我跟他們說明「雲考察」的構想，看看他們有沒有這方面的業務需求。

皇天不負有心人，客戶上門了。我們原本是幫這家客戶做會展搭建，企劃案改了一版又一版，整整改了一個月，設計師熬了一個又一個通宵，改到崩潰，最後提了辭職，說看不到這番辛苦的價值和意義。我當時陪著他一起掉眼淚，非常心疼。但我不能怪甲方，因為甲方也有他們的顧慮，有各層的領導要照顧。我們只能咬著牙繼續修，繼續改，直到甲方滿意。我每個月設計師的成本要28萬元，忙了一個月，修到設計師辭職，甲方還沒有給一分錢。最後展覽因為疫情取消了，我們所有的努力付諸流水。

展覽雖然取消了，但甲方的需求還在，之前的磨合讓甲方感受到我們的敬業和誠意，甘願成為第一個試水溫的人，委託我們做「雲考察」線上直播專案。3月31日，我們的第一場「雲考察」上線，大獲成功，當天晚上我的電話就響個不停，新舊客戶都找過來。一個月內我們就做了6場，合作方全是大品牌。

「別人死了，我還活著，這就是朝陽產業」

2010 年的時候，我為了搬家正在整理房子，發現了多年前在

安利接受培訓時的一個舊筆記本。那時我大概 19 歲，培訓內容是關於銷售的心理建設，讓我們寫下自己的夢想。當時寫了什麼我完全不記得，翻開筆記本那一刻我才看到，我的夢想是成為企業家，下面還有幾條細則：1·在上海買一間套房；2·買一輛進口轎車；3·一間有大院子的小房子，一個老公和兩孩子。我當時為自己描繪的人生軌跡及里程碑，現在居然一個個實現了，而且幾乎一模一樣。

我沒想過這算不算成功，因為成功的人太多太多了。我只知道，要繼續往前走，不能回頭。我的網路暱稱叫「恰恰」，取這個名字那年我剛好 20 歲，我總覺得這個年紀過猶不及，只期盼愛情、事業、生活、朋友等一切都恰到好處即可。我的暱稱介紹也用了 20 幾年，一直沒有換，寫著：「用心甘情願的態度，過隨遇而安的生活。」

人們都喜歡討論朝陽產業和夕陽產業，我覺得各行各業都有陣亡的，也有生存得好好的。有時候，看似是在朝陽、風口上的企業，卻曇花一現；有時候，你想找輕鬆省力的路來走，卻艱難異常。別人「死」了，我還「活」著，這就是朝陽產業。

採訪手記

　　恰恰是我2020年開啟這個採訪寫作計畫時,腦海裡浮現出的第一位創業者,她可說是我認識的創業者當中,最想採訪的一位。因為她身上有我非常欣賞、女性創業者身上很少見的特質:大事上果敢,小事上放手;專注做事,不被情緒牽扯。她的團隊未必是學歷最高的,但很有戰鬥力、執行力和凝聚力,適應能力非常強。疫情中,恰恰和很多創業者一樣,扛著巨大壓力,面臨著巨大的不確定性。對於這篇訪談要不要發布,她也曾猶豫忐忑,畢竟一路走來的艱辛,她自己很少提起,也很少人知曉。現在回頭看,疫情中的波折,一如過往的波折,都被她的果敢、堅韌和誠懇結踩平了,而一路的艱辛也成就了她的果敢、堅韌和誠懇。很開心她願意與更多人分享她的創業故事。

　　　　　　　　　　　(恰恰口述訪談完稿時間:2020年秋)

祝榮慶

1986年生虎馬

- 天蠍座
- 浙江江山人

什麼時代做什麼事

從事行業：電商

年營業額：30 億元

創業時間：11 年

創業資金：40 萬元

「因為『好男兒志在四方』這句話，我再次離開家」

我高中一畢業就出社會，當時談不上什麼理想，就是走一步算一步。第一份工作是在慈溪的一個軸承廠打工，我被安排在拋光車間，環境又吵又髒，三班制，工作內容就是師傅把零件遞過來，我接住，遞過來，我接住……一遍又一遍，重複無數次。做了三個月，我辭職了。

我回家待了一個禮拜，也不知道將來要做什麼。我爸爸平時話不多，也不太管我。他其實是個很有學問的人，他讀書的時候是學校裡的高材生，但因為家庭出身不好，在那個年代無法讀大學。

我待在家的那幾天，他對我說了一句：「好男兒志在四方。」我一賭氣，花100塊買了張去杭州的火車票，再次離開家。被子裡捲幾件衣服塞進帆布袋，就是我的行李。媽媽送我到路口，偷偷塞給我3000塊。

我的姐姐在杭州，但我不想麻煩她，就聯絡了幾個同學，七、八個人一起在租屋處打地鋪，白天到人力市場找工作。十幾歲的年紀，懵懵懂懂，在一個陌生的城市裡，除了能吃苦，別的好像什麼也不懂。有人走過來問我：「保全做不做？」我還想了想，想了半天，也想不出一個靠做保全做出前途的。後來碰到一家日本製造公司徵人，我再次進入製造車間，在生產流水線當工

人,起薪3000元,勉強夠活著。為了省錢,有時候中午一碗泡麵幾片餅乾,幾個人分著吃。

「《大時代》裡的一句臺詞,照亮了我的心」

我在日商車間工作了一年多,薪水慢慢漲到8000多。我們車間組長有次看著我,對我說:「你別在工廠裡上班了。你看看,再混個幾年,班長升到組長、主任,大不了升到廠長,每天就是管這些人、這點事!趁著年輕,還是到外面多去闖闖吧,別一輩子埋沒在工廠裡。」

我曾經的信念是「只要你夠努力,總會有收穫」,直到我看了《大時代》,裡面有一句經典臺詞:**「如果想成功,那就一定要找到屬於自己的世界。」**這句話如同一束光照亮了我的心──我終於明白了,光努力是不夠的,還要去發現和創造自己的世界。

我跟姐姐聯絡,請她幫我在電腦商場找一份工作,學徒薪水又回到3000元,但好處是可以學習修電腦。當時我最大的感受,就是什麼樣的圈子,有什麼樣的人。你所處的環境不一樣,接觸到的人就大不一樣。我從工廠車間進入電腦採購維修的圈子,接觸到的人和事,多多少少有更高的科技含量,我學到很多,也學得很快。薪水從3000元漲到了12000元。

有一次,一名大學生過來找我們修電腦,老闆說要送回原廠

修理，大概要兩個月。大學生很為難，他家境也不寬裕，每天念書離不開電腦，這該怎麼辦。我二話不說，就把我自己僅有的一台電腦借給他用，讓他撐幾天。後來老闆知道了，還嫌我多管閒事。但公司的另一個股東卻說：「你自己的能力還不足，但仍能理解別人的不易和難處，願意伸出援手幫助人，這種品格很難得，希望你能一直保持。」他的這番話，我一直記在心裡。

「我在淘寶發現利差，認識到這是巨大的貿易機會」

2006年前後，一位公司客戶托我採購一批特定型號的伺服器CPU（central processing unit，中央處理器），我找遍了整個杭州電腦商場都沒貨。當時淘寶上已經有了，我嘗試在網路上搜尋，沒想到像是打開了新世界的大門。網路上的商品數量多、種類齊全又便宜，簡直超出了我的認知：「線上怎麼有這麼多的好東西啊！」我就嘗試訂購了一個伺服器CPU，貨真價實，比當時杭州市場的價格便宜了一半。從此，我對淘寶產生了極大的興趣，開始看關於馬雲的書，以及他的各種演講影片。也就是在這一年，我看準了電商行業代表著未來，因為我在淘寶發現了利差和巨大的貿易機會。

我的一個兒時玩伴，也是我後來的合夥人，當時人在上海做手機維修。我們常常交流行業動態，分享各自對行業的想法。當

時我們就覺得手機的前景要比電腦大得多,而當時線上做手機生意的很少,比電腦還少,幾乎是沒有。

「不然,我去上海吧。」2007年8月26日,透過兒時玩伴的引薦,我來到上海,在一家經營手機銷售和維修的公司,從新手做起,薪水從原來的12000塊又降回3000塊,但包吃包住。

「未來的機會在線上」

我記得到職沒多久,公司重組改革,要從夫妻合夥公司發展成現代化管理的企業。聘請了一位任職於上市公司的職業經理人來幫我們培訓,介紹流程、職級,講了很多冠冕堂皇的東西。我那時20歲出頭,沒什麼概念,坐在下面聽著。最後,他希望大家說幾句,談談感想但沒人願意講。他就用激將法,問:「公司請這麼多人,難道就沒人想當老闆的左右手嗎?」我馬上就站起來,怎麼走上台的記不清楚了,總之有點恍惚,很緊張。但我還是把我眼裡觀察到和心裡想說的說出來:「公司目前就是傳統的批發商,走的是線下貿易模式,但未來線上機會更大,我們要及時探索線上平台,發展B2C(businesstocustomer,即企業對顧客電子商務)業務。」

當時公司老闆聽了說:「有人能看到電商的發展機會,很欣慰。如果以後要開拓這塊業務,就交給你負責。」兩年後,2009年,公司真的把這塊業務交給我了。

其實那時我也不懂,但既然敢接,我就肯學,初生之犢不畏虎。從註冊帳號、商品上下架到店鋪經營,一點一點地學,不懂的就在網路上找攻略,從無到有、單槍匹馬,我開拓了公司的網路行銷部。在那兩年裡,我一直關注這個行業,看了很多書,研究淘寶的商務邏輯、開店流程⋯⋯當時還有個阿里學院,裡面的很多教學課程我都自學了一遍。在這期間,淘寶也在不斷反覆運算。2010年是淘寶的分水嶺,淘寶商城上線,也就是後來的天貓,淘寶明顯從服務個人賣家,開始轉向開發企業客戶,鼓勵企業客戶發展線上平台業務。

「天天跑門市,越來越覺得實體通路不行了」

春江水暖鴨先知,我很深刻地意識到,這是未來的大勢所趨,也向老闆反應過兩次,建議迅速加大線上業務的轉型。但一個大公司有它自己的經營節奏,不是我一句話就能左右的。於是,我第一次萌生了創業的念頭。

我找老闆談,我說我不是為了加薪,而是因為看到了更大的機會。老闆拿4萬元說給我先拿去用,就把我留下了。那時是手機從功能型手機轉向智慧型手機的過渡期,聯想、海爾都在做手機。公司作為經銷商,是一些國產品牌手機的華東總代理。我被派去拓展線下業務,天天跑門市,忙了一年。我身處第一線,越來越覺得實體門市不行了,心心念念想做電商。2012年,老闆給

了我很豐厚的條件，分我股份，希望我負責業務，但我想了想，還是決定自己弄。

「借了50萬元，公司開張了」

我又聯繫了我的兒時玩伴，拉他一起做。他當時創業已經三四年了，不太順利甚至還負債。我也沒錢，於是我借了50萬元，租了一間兩房一廳的房子，買了四張桌子和幾台電腦，公司就這麼正式營運了。當時我們兩個人都沒什麼概念，股份也沒談，心想做起來再說。說起我的合夥人，我們個性非常互補，一起創業到現在，從來沒吵過架。我粗線條，就制定戰略和方向；而他非常細心，會盯好公司每一個細節，會發現我看不到的問題。

當時的市場行情是，只要能把貨賣掉，供應商就會給我較長的帳期；而且當時也有銀行推行網路貸款，如果我能證明可以賣掉100萬的貨，就能貸出80萬的錢。很快的，以小博大，資金滾動，日常收支就做到了三、四百萬的規模。

但好景不長，我們剛開網路商店沒有經驗，有些指標沒有達到天貓的審核要求，沒辦法續約，一夕之間我突然面臨無事可做的困境。

好在有個朋友幫了我，之前他負責諾基亞的門市經銷，也發現這個模式無法維持了，就常跑來問我關於網路行銷的事。我從

來沒把他當作潛在競爭對手,而是把我知道、學到的,都一股腦地教了他。

「我成了小米最早一批的線上經銷商」

沒想到就在我面臨困境的時候,他來找我,問:「有個新的手機品牌叫小米,你要不要做?」

小米?小米是什麼東西?當時智慧型手機還是國際品牌當道的時代,三星、夏普、諾基亞,國產機以山寨機為主。小米是什麼我知道,我就開始研究,研究雷軍,結論是認為小米有前途。

於是我全心投入小米手機的網路銷售,拿了小米的授權,重新註冊公司,打造店面、重新上架,我成了小米最早一批的線上經銷商。那時我全年無休,每天工作16小時,睜眼上班、閉眼睡覺。到了2013年,我們公司已經是小米手機線上賣得最好的一家,年營收達到4億多元。公司第一年賺到的錢,我讓合夥人先拿——把欠的債都還掉。後來商定,我們股份六四分。2014年,小米推行IoT[1]業務,我也及時調整人力,專門負責這塊業務。創業兩年,公司發展到30人,由於發展太快,我們每年好像都要更換新的辦公室。

....

註1:IoT即物聯網,英文全稱為 internetofthings,是一種使用物聯網技術連接物理世界和數位世界的方法。運用感測器、無線網路等技術,讓物品能夠互相連接,實現資訊交換和共用。

在一次的商會活動，一位老大哥問我是做什麼的，我說我是做電商的。然後他問我收入怎麼樣，我說：「一年賺40輛BMW吧。」

「阿里開著『坦克』過去，我們跟在後面走，自然輕鬆」

回想起來，當時創業之所以能夠很快有起色，關鍵是因為踏準了節拍，順勢而為。我一直跟別人說，阿里做淘寶，設計出線上銷售業務的模式，相當於開著坦克過去，把路都壓平了，我們跟著坦克走，當然要比自己造橋鋪路輕鬆得多。再加上我當時專注做小米一家品牌，像一支特種部隊，供應鏈對接、流量經營、客服售後，都做到了相對精細的管理；又趕上小米品牌的高速上升期，所以業務就像搭上了順風車。

剛開始時，公司只有六、七個人，採購、門市經營、售後、打包出貨，每個職位我都做過，每天不停工作也不覺得累──賺錢讓人充滿幹勁。慢慢公司業績上升，團隊人手也多了，我就有更多精力去深入瞭解電商平台的各種交易、評分規則，利用規則獲得低成本甚至免費的流量，流量成本降低後，相當於利潤又增加。

清楚理解規則後，很多事情就知道怎麼做才能直達核心。其實所謂的規則，背後遵循的邏輯都一樣：「鼓勵你做好買家服

務。」誠心服務買家，經營高效、口碑好的商店，就能獲得更多流量的獎勵。那我們就專注把使用者體驗、服務品質做好。

「我借鑒了稻盛和夫的『阿米巴』管理法」

流量是最好的敲門磚，銷售能力是打動客戶的最好憑證。專注於小米手機的線上銷售，讓我們很快享受到了線上消費的紅利，銷售業績亮眼，也進一步獲得其他品牌的青睞。我們把每一個品牌的線上代理權當作自己的事業來做，以品牌為單位，建立內部事業部，成本獨立核算，團隊獨立管理；核心成員發展成為專案合夥人，讓員工利益與公司利益深度捆綁。

這個管理辦法，也是源自我從稻盛和夫的「阿米巴」經營理念中獲得的啟發。「阿米巴」其實是把企業劃分成小集體，每個小集體自行制訂計畫，獨立核算，自主成長，讓每一位員工都能成為主角，「全員參與經營」，像自由自在的、重複進行細胞分裂的阿米巴蟲一樣，充滿生命力和創造力。我的團隊大部分是90後的，我覺得他們又積極又有創造力。

「在不同的圈子，遇見不同的人」

2015年我加入我家鄉一個知名的商會，結識到了更多、更成功、更優秀的企業家，他們有理想、有擔當，我感到自己的眼

界和心胸被他們進一步打開，也再次意識到，加入不同的圈子，遇見的人確實不一樣。馬雲、郭廣昌、王均瑤……他們都是浙江商會的代表性人物，他們每一個人都像一面旗幟，高高地立在那裡。我希望未來我也能夠成為他們那樣的人。

企業做到那種程度，他們心裡面是不會考慮「10輛BMW車」這種問題的，他們更多地會考慮產業變革、社會責任、商業格局。我好像被一股更好的力量牽引著，不斷學習、不斷更新和不斷進取。

有時我也會看歷史方面的書，會琢磨劉邦為什麼能打敗項羽，他是怎麼選賢與能、知人善任，彙聚天下英豪的，以及他如何排兵佈陣，最終打下江山，建立漢王朝。

2017年底，我把公司總部遷回我的家鄉江山，成為江山首家10億規模的電商企業，承擔後端服務、倉儲物流等業務，探索「數位服務為商業賦能」的方式，期望能帶動家鄉大幅發展。

小時候，大概三、四年級，我寫過一篇作文叫《長大後想做什麼》。具體內容已經忘了，但是我記得寫過一句話：「長大後要回報家鄉，成為對家鄉有用的人。」沒想到，我在30歲時，以這樣的方式實現了。

「好飯不怕晚，我寧可『讓子彈再飛一會』」

我所從事的電商產業，從最初的網路銷售，已經發展到需要

整合人流、物流、資金流、資訊資料流程的「四流合一」格局，來勢之快如同大江大河匯入大海，我必須在已經習慣的模式路徑上做出改變。這不是一個簡單的業務拓展問題，我是否敢於主動突破、打碎、重組自己，把自己放進更大的局面？

想像一下，這是怎樣一個更大的局面呢？抬眼看看，打造獨特IP、網紅直播帶貨方興未艾，短影音內容正夜以繼日地產生裂變，不同領域的新品獨角獸如地鼠一般突然冒出來，花樣百出的品牌跨界聯名令人目不暇給……沒有人能幫你釐清面前的這些現象。大浪當前，你很難分辨出到底誰在裸泳。

我常常對自己說「好飯不怕晚」，哪怕機會擺在我面前，如果沒有正確的認知，沒有找到對的人，我就不會輕易出手，寧可「讓子彈再飛一會兒」，要有「敢於天下後」的定力，我相信「後中爭先」的機會。

比如雷軍，他決定做手機的時候，已經有很多人在做手機了。但他後發制人，選擇了追求「極致性價比」的策略，大獲成功。之後，他一直堅持這個策略，讓小米成為國貨品質的新標竿，這是我心目中腳踏實地的企業家典範。

「電商的消費型態變了：以前是人找貨，現在是貨找人」

再大的風浪，海底仍然是寧靜的，海底大陸棚不會隨著海面

的風浪迅速改變。我的心態也要下潛，下潛到足夠深、足夠沉，才能逐漸看到那個「更大的局面」。

電商的消費場景變了，以前是人找貨，現在是貨找人。抖音、小紅書、拼多多、京東直播等平台風起雲湧，讓網路購物往興趣電商、社交電商方向發展，那麼行銷邏輯和手段也要做出改變。

我有時極度保守，有時極度冒進，區別在於我自己有沒有看清楚、想明白。在什麼樣的時代，做什麼樣的事情，但我不做超出自己能力之外的事情。

「每一種商品都值得重新做一遍」

2020年，根據市場變化，我們改善了公司整個事業版圖的模型，分成四大業務模組。第一塊業務是我們深耕了近十年的電商服務，也是帶給我們穩定現金流的基礎業務。我們專注智慧數位電子產品類，為品牌商提供一站式的電商代理經營服務。

第二塊業務是消費品牌孵化。我相信在這個新的時代，供應鏈轉型升級了、消費者需求變了、消費型態變了，那麼，每一種商品都值得重新做一遍。我們希望打造出面向新零售的「新消費」、「新國貨」的優質品牌，用有意義的創新來改善人們的生活。

目前我們從兩個細分市場切入，孵化自有新消費品牌。一個

是以西式餐飲零售化為定位的「小牛凱西」，以牛排作為核心品項，經過幾年的培育，已成長為該類別的領導品牌。還有一個是以彩色漂白劑、洗衣球、小白鞋清潔劑、羽絨外套清潔劑等新型清潔產品為代表的「利潰生活家」，以「新需求、新產品、新配方、新玩法」為理念，為消費者帶來一系列新型家庭清潔產品。

第三塊業務是智慧物聯網。無處不在的末端設備，正無聲無息地滲透到我們的生活的，我們覺得有必要提前佈局物聯網業務。一方面與小米、華為、360等物聯網開展企業間深度合作，規劃品牌、產品、管道、雲端倉儲；另一方面利用新媒體的傳播手段，更加廣泛、細緻地對廣大消費者產生影響，讓更多家庭步入智慧家居時代。

第四塊是新媒體業務。我們在新行銷領域會緊跟新的傳播手法，致力發展直播、KOL、IP打造、短影片等業務，匯整各平台使用者的流量，進而將公司在電商領域的高品質服務延伸到私域流量，與消費者建立緊密關係，長期耕耘。

「我相信腳踏實地的力量」

2020年，我們旗下各個事業部的整體銷售規模超過了100億元。從2012年借錢創業至今，我們從單一的電商代理經營商，發展成集新電商、新領域、新行銷、新消費品，孵化於一體的全通路集團。

為了賺錢而做生意這個階段，我已經跨過去了。未來的組織會是什麼樣子？我的公司會不會成長為商界的一艘航空母艦？我將來會不會成為我所期待的那種企業家？面對未知，我每天都在學習，我相信腳踏實地的力量。不斷認識自我和梳理企業內部組織，會形成應對外部挑戰的活力。**成功畢竟不是看你每天跑得能有多快，而是看你一路不停能跑多遠。**

採訪手記

第一次見到祝榮慶是在江山商會的一個晚宴上。十桌的人裡面，他看起來最年輕、最新潮，不像功成名就的老闆，更像一個新銳創業者。但周圍比他更像老闆的人都對他讚譽有加，指著他對我說：「這才是大老闆。」我們互加了微信，宴會當晚我就收到祝榮慶發來的公司介紹，再次引起我的好奇心，於是有了這次訪談。他的辦公地點在上海市中心的創業園區，忙碌的人們進進出出，拿著我叫不出名字的東西；有的空間還在裝潢，彌漫著石灰味，但聞起來更像是青春的味道。因為有大片空白，所以框架限制很少，成長與時間賽跑，創造就在變化和未知中誕生。訪談很隨意，他的一個朋友在我們對面的電腦上查看比特幣行情，我們在一旁喝茶聊天，沒有什麼大道理，就是一個赤手空拳的年輕人，踩著時代脈搏踏浪而行。但他經歷中的一些細節讓我留下了很深的印象：「對人不設防，做事不設限。」自己唯一的一台電腦借給顧客，賺到的第一筆錢先讓合夥人拿去還債。打工的時候就想尋求突破，甘願兩次回到只拿3000元薪水的原點。事業做得有起色的時候，為了迎接未來的挑戰，將公司業務、組織架構重新整合。也許這樣的空杯心態，才能裝得下更多東西。

（祝榮慶口述訪談完稿時間：2021年春）

# 董冬冬

1978 年生屬馬

- 天蠍座
- 山東東營人

當命運對你關上了門,你要上去推一推

從事行業:法律服務

年營業額:1.5 億元 +

創業時間:10 年

創業資金:數百萬元

「父母的言傳身教讓我明白：人得自己成全自己」

　　我的故事可能算是一個「鳳凰男」的逆襲故事吧。從小在農村長大，去縣城市中心都能興奮半天。父親在城裡做工，母親在農村務農，我有個妹妹，按計劃生育政策算超生，家裡被罰了1200元，在當時是一筆鉅款。我的學業成績不算出色，雖有上進心，但很少付諸行動，既頑皮又叛逆。我要感謝我的母親，她雖然生於貧苦之家，沒有接受良好教育的機會，但深明大義，勤勞聰穎，那種堅忍豁達的性格影響了我的一生。

　　小時候，鄉下鄰里間為了住家的一面牆、一棵樹，都會大動干戈、反目成仇；大戶人家欺負小百姓更是司空見慣。母親就教導我：「生活層次不高，眼界就低；沒有素質，就欺善怕惡；沒有見識，就沒有容量；只有見過了世面，才不會被雞毛蒜皮的生活所累。」她鼓勵我發奮圖強，能飛多高就飛多高，最好飛到別人視線不能及的地方去。

　　1989年我12歲，我記得母親做出了一個非常勇敢的決定，借遍了所有親戚的錢，把小阿姨的嫁妝都借來了，總共背了4萬元的債，買下了村莊南邊最大的一座三合院，院子面朝無邊田野，另一側是一片楓樹林，非常氣派。我們家因為有了這座大宅院而揚眉吐氣，這背後父母承擔了難言的艱辛和壓力，但他們的言傳身教也讓我明白：「人得自己成全自己。」改變命運、改變思

維、提升格局，始於自身的覺悟和主動爭取。

「我用大米換玉米，一天賺20元」

到了高中，我不知道是開竅了，還是受到刺激，成績從全班第37名一路追到前5名。父親因為生病離職，家中經濟支柱倒了。母親一邊帶父親求醫看病，一邊拉拔我和妹妹長大，生活的困苦迫使人迅速懂事。我當時體重不到50公斤，但暑假每天早上5點出門，拉著50公斤大米，在河東換成85公斤的玉米，涉過黃河，送到河西的糧站，一斤可以賺到5毛錢的差價，一天可以賺20元。我還在建築工地打雜，推水泥，一天工作14個小時，但沒做多久，工頭跑路了，我沒拿到薪水。

雖然平時學習刻苦，成績突出，但大考似乎總是失常。我大學考進了煙臺師範大學中文系，同時在山東大學英文系自學。每年暑假，我跑到臨沂，從北方最大的批發市場進書，批發市場的書論斤賣，一個行李箱能裝100公斤，我運到學校，按定價的三、四折賣掉。我照著北大校長推薦的必讀經典書目進貨，再賣給中文系的學生，賺的錢用來繳學費。

2000年大學畢業，我考進威海宣傳部，被選調到《威海日報》當記者。當時還是傳統媒體的黃金時代，記者的工作讓我迅速成長，但酒場文化令我不勝其煩，那時幾乎每天都有各種酒局應酬，苦不堪言。工作第三年，我準備考研究所，目標是人民大

學法學院。可惜大考時生病，沒考上人民大學，被分發到了遼寧大學。遼寧大學不算名校，但我遇到的同學一個比一個上進好學。研究所畢業後，全班30個同學一起到北京找工作。

「跑到北京的招聘現場，我在履歷上特意加了幾行字……」

來到北京，我住在地下室。我的女友（現在的妻子）第一次去看我，就是在3平方公尺不到的地下室裡。我的「蝸居」雖然局促，但衣物擺放整齊，書籍堆積如山，「苦哈哈卻上進」的樣子打動了她。在我一無所有之時，她選擇跟我在一起。她這份義無反顧的陪伴，讓我有了無窮的奮鬥動力。我曾打電話給新華社，詢問是否可以「寄履歷給貴社」，得到的答覆是：「我們只收北京重點院校的學生或海外留學歸來的學生。」我不死心，跑到北京的招聘現場。我在履歷上特意加了幾行字：「法律＋中文雙教育背景，律師＋媒體雙職業經驗，給我一次機會，我會努力回報驚喜。」我親手把履歷交給現場的新華社人力資源主任，並看著他把我的履歷放到數量較少的那一疊裡面，而大部分履歷當場就被放到旁邊了。後來，我通過面試正式錄取，負責新華網的法治頻道。

這份工作讓我得以在中國最大的官方傳統媒體裡直接接觸到網路，累積了從內容採編到網路發佈、流量推廣的實際經驗。但

體制內的薪酬待遇、晉升機制令人沮喪。有次我拜訪一位副總級的老前輩,他是在公司做了30年的資深媒體人,滿頭白髮,著作,但他告訴我,他一個月的薪水買不起北京1平方公尺的房子,我當時就「淚奔」了,我願意為新聞理想奮鬥一生,但不能為了房子和車子耗盡青春。

「很多人都覺得是天方夜譚,我讓它逐步成真」

我上夜班,從下午5點工作到凌晨5點,做一週休一週,我就開始利用業餘時間兼職做實習律師。累積了一定案例經驗後,我決定跳槽,想找一家大型律師事務所,轉行當律師。

2009年,我加入正在快速發展的盈科律師事務所,擔任主任助理。盈科律師事務所的創始人提出用10年的時間,透過規模化經營,把盈科律師事務所做到亞洲第一、全球前十,很多人都覺得這簡直是天方夜譚。盈科當時只有北京一家律師事務所,律師不到30人,在北京都排在100名外。但我崇拜他的膽略和格局,很快成為他的左右臂手,讓這個事業藍圖逐步成真。

憑藉我在媒體的工作經驗,我首先對盈科律師事務所做了媒體內容行銷和百度搜尋引擎最佳化。我們與多家傳統媒體合作,請盈科律師事務所的專家評論一些熱門的社會、司法議題,在媒體上廣泛發聲。一年內,盈科律師事務所的關鍵字網頁索引量就達到10億,為律師事務所帶來10萬的造訪人次,這在律師行業是

無人能及的。我們還花了400萬與國家大劇院合作，策劃由愛樂樂團演奏的新春音樂會，冠名「盈科之夜」，並向全國10萬名律師發出邀約，正式寄出2萬份邀請函。一時間，盈科律師事務所的名號在全國律師界打響了，我們最終送出了3000張音樂會門票，與全國律師界頂尖律師建立了直接的聯繫，也迅速為盈科在全國各地的佈局打下了基礎。後來盈科在全國建立的10家分所的負責人，都是在這個時期物色和發展的。

「隻身闖蕩上海灘，對著天花板一籌莫展，是創業之初最焦灼的記憶」

2010年，我成為律師事務所合夥人，享受15%的分紅股權，隻身來到上海開疆拓土，背負著5年內把律師事務所規模做到上海前五名的使命。我之前到上海出差，曾經去醫院看病過，上海的城市文明和守規矩的文化讓我印象深刻。當時看病掛號的隊伍很長，從醫院內排到院門外，但井然有序，沒人插隊也沒人推擠喧嘩，大家都彬彬有禮，安靜等待，有人看報、有人讀書，中間還保持適當的距離。我在之前的生活環境中，看到的更多是「叢林法則」中的你爭我搶、無視規則擠破頭的那一面，所以我對上海非常嚮往。但真的要躬身入局，隻身闖蕩上海灘，難度和壓力也很巨大。

我記得我是在2010年2月，大年初六抵達上海，東西南北都

分不清楚，上海話更是聽不懂。我問機場客運司機：「哪一站離上海市中心最近？」他說是靜安寺，我就在靜安寺下車，住進附近一家商務旅館，一住兩個月，住到我後來再看到這家旅館就反感，再也不想住了。在商務旅館裡，雨水打著窗戶，我對著天花板一籌莫展，是記憶深處關於創業之初最焦灼的畫面。

後來我在上海租房，在老閘北區的公寓裡，每天早上都會被外面的鐵路、高架橋的噪音吵醒，屋裡還有老鼠，但可能因為我天天在外面跑，家裡沒什麼吃的，連老鼠都不想待，很快就沒了蹤影。

「當命運對你關上了門，最起碼要上去推一推，說不定門的插銷還沒插上」

我去拜訪上海灘律師界一位大咖，他看了一眼我帶的律師事務所宣傳手冊，就扔在桌上說：「世界上的事不是靠吹牛就能做出來的，是靠真刀真槍練出來的。」我碰了一鼻子灰，但也親身感受到上海這座城市尊崇的實做精神。

如果你真的覺得命運對你關上了門，最起碼要上去推一推，說不定門的插銷還沒插上。

為了找到最佳的分公司地點，我拿著上海地圖，圈出上海所有高檔的辦公大樓，一個個比較。我還走訪調查了一遍上海排名前五十的律師事務所，他們的公司位置、環境、團隊規模、人員

構成、年齡、服務範圍、相關資格、政府關係等等。調查過後，我心裡有了底。以規模化、品牌化的方式經營律師事務所，在上海還沒有先例。作為中國最繁華、最市場化的國際大都市，上海的律師事務所大部分仍處於師父帶徒弟的模式，幾乎沒有百人以上的律師事務所。

我一舉租下洲際大酒店的兩層辦公室，有上千平方公尺，大面積的租約讓我獲得了6個月的免租期，實際租金降到每天每平方公尺13元。而與市中心距離相近的恒隆廣場，同等辦公條件下的租金要每天每平方公尺40元，巨大的成本優勢形成了巨大的發展勢能，年輕的律師們看到寬敞高檔的辦公室，似乎看到了盈科律師事務所未來的藍圖和雄心。

「我在上海律師圈投下一個個石子，激起一陣陣浪花，而我自己也經受了極限考驗」

我還策劃了法律界的培訓交流活動──盈科大講堂，為律師事務所開業和招兵買馬造勢，一週三場活動，在上海律師圈投下了一顆顆石子，激起陣陣浪花，而我自己也受到了極限考驗。公司籌備上海盈科律師事務所，砸了4000萬，我作為占股15%的股東，一旦失敗，相當於賠進去600萬，壓力之大難以言表。

創業初期什麼都沒有，我還「妄想」要建造一艘航空母艦，而不是一艘快艇，靠什麼吸引人才？答案是：「要喚起大家對大

海的嚮往。」「畫大餅」也好、「使命願景」也好,要給人看得見但又碰不到的遠大目標。我吸引到的第一位優秀人才,是24歲的年輕人,放棄了SMG（上海文廣集團）的工作機會,願意跟我一起奮鬥,就是為了一致的事業理想,之後越來越多的律界菁英加入了這支隊伍。

2010年10月上海盈科律師事務所開業時,已經達到100人規模,2011年達到180人,2012年達到260人。從2010年到2020年的10年間,上海百人以上規模的律師事務所從1家增加到40家,可以說,上海律師事務所的規模化發展是從盈科開始的。開業一年半,律師事務所就實現盈利,我首次獲得160萬元的股權分紅。到2013年我辭職離開,盈科已經成為亞太地區規模最大的律師事務所了。

盈科的成功得益於規模化的路線選擇:透過規模化經營,提升品牌價值和管理效能,讓律師可以專心做專業的事。我曾一度忙於律師事務所的日常經營管理,沒有更多精力處理律師本分的工作,但後來我意識到,律師事務所的管理價值不亞於律師的服務價值,我最大的價值就是創辦和經營律師事務所,因此也就釋然了。

「我深切感到,律師事務所的商業模式也該改變了」

2013年盈科走向了多元化發展之路,這與我對律師事務所未來發展模式的設想不完全契合,於是我開始了第二次創業。行動網路的興起,很多傳統行業都將重塑,而全球消費者的行為也發生巨變,我深切感到律師事務所的商業模式也該變了。

無兄弟,不合夥。曾經並肩作戰、志同道合的工作夥伴,放棄了穩定的職位和高薪,在不到一個月的時間內重新集結,和我從零開始一起創業,我們一共7個人,號稱「七匹狼」。記得當時我們7個人在瀋陽,一起看了電影《中國合夥人》,大家邊看邊流淚。我們把創業公司命名為瀛和律師機構,打造一個以網路精神做好行銷和管理的平台,讓專業律師實現夢想。

構想雖好,但具體做法一開始其實也不是很清晰。也許是路徑依賴或者思維慣式,我們一開始沿用了直接投資、直接經營、大量投入的規模化擴張之路,我們渴望快速建立全國乃至全球的服務網路,我們堅信平台的價值,卻忽略了成本的概念。為此,我們不惜用個人連帶擔保的方式,高代價爭取外部融資,還掏空了自己的積蓄。

我們租下蘇州河畔高檔辦公大樓整個頂樓,作為律師事務所總部,有2000多平方公尺,裝潢氣派,但萬事起頭難,沒人、沒業務、沒收入、沒效益。臨近春節,資金周轉困難,我刷爆過兩

次信用卡，用來繳納租賃費用和行政人員的薪水。

「我的合夥人都對創業懷有『白頭偕老』的心」

世界上從來不缺有夢想的人，缺的是為夢想而堅持的人。最可貴的是，我的幾個合夥人認同彼此的價值觀、信賴彼此的人格，對創業懷著一顆「白頭偕老」的心，在公司現金流面臨困境時，願意傾囊而出。有的把自家公司的資金轉過來應急；有的在看不到公司盈利前景的情況下，追加投資，認購公司股權；有的拿到一個上百萬的案子，力挽狂瀾於危局，也讓整個公司的士氣為之一振。一個人可以走得很快，但幾個人一起走才走得更遠。

岌岌可危的處境，讓我們學會用理想主義思考、以現實主義行動。我們反思了商業模式，意識到在全國推行直接投資經營的實體平台建設，是非常「重」的模式，並不能帶來管理溢價，也不是真正的網路思維。

在創業之初，紀錄片《公司的力量》曾給我很多啟發，也帶給我很多思考。律師說到底是知識性勞動者，賺的是薪資收入，用時間換取回報，生產過程就是產品。律師事務所一直以來以古老的合夥制存在，團隊管理比較鬆散。在瞬息萬變的商業環境中，一人一票的決策機制容易變成自身桎梏和牽絆。因此，我們在團隊內部與平台之間，建立了股份制的產權模式，有效分離投資權、決策權與營運權等權力，設計了「議、決、行、監」的組

織模型，在一定程度上解決了產權治理的難題。

「用網路思維實現律師事務所的『裂變』」

我們不斷嘗試，摸索輕資產的運作模式，用網路精神追求「輕」和「裂變」。

首先，我們用更靈活的股權結構設計，把各個資源模組進行整合、匹配和對價，形成溝通成本和交易成本最低的生態鏈。除了直接投資經營，我們從當地排名前五的律師事務所中發展品牌加盟制度，迅速完成了全國佈局。短短幾年，我們有了4家直接投資的律師事務所、6家直接投資並共同建立的分所，以及200多家數位化律師事務所。

其次，追求極致的使用者體驗，這裡的使用者也包括平台上的律師。律師的前3大執業痛點分別是案源、協作、分配。所以我們集中精力建立品牌中心、培訓中心、客服中心和資訊化平台，讓專業回歸專業，讓律師做回律師。透過管理賦能，讓平台價值發揮到最大。

同時，我們嘗試做法律界的科技公司，幾個合夥人各自發揮所長，獨立孵化面向未來的數位化、網路化產品和服務。比如把律師事務中可複製、可規模化的模組產品化，把網路替代性強的環節標準化，實現線上協作。我們陸續投資孵化的Kindlelaw、交易寶、法大大等項目，都成功獲得外部資本的青睞，實現了近

80億元的融資和估值。

這背後最關鍵的，是建立一個具備創業基因的平台機制。一方面讓管理、品牌、投資、專業、市場等各個資源模組發揮最大效能，另一方面也要有令大家信賴、信服的規則，避免管理過程中出現摩擦和猜忌，並實現互助互惠共贏。

我覺得最好的公司文化，是極度開放的文化，開放源於信任，信任靠求真和透明的規則。瑞·達利歐的《原則》一書中列出了200條忠告，我時常拿出來對照自省。我們每個月的財務報表都會拿給股東們看，每週的財務報表都會給合夥人看；10年來，週一開例會，週五開檢討會，風雨無阻。

「你唯一能做的就是堅持走下去、不斷學習，找到自己的人生方法論」

王陽明說知行合一。沒有實踐過的知是膚淺的知，不是真的知，只有實踐過的知才是真的知，所以要不斷在事上練。

年輕時，我羨慕我的國文老師，他寫得一手好字，每個月薪水2400元，上完課下午打打籃球，還有一個賢慧的老婆，他代表了我當初的人生理想。上了大學，我又羨慕我的學長，他大三就修完了中國政法大學的雙學位課程，後來考上研究所，到最高法院當法官。在山東當記者的時候，報社從北京請來知名學者幫我們培訓，我又開始嚮往北京，羨慕文化菁英……

我曾是一個沒有見到世界「致廣大而盡精微」的農村孩子，也從不曾想到，有朝一日會來到上海拚出一片小天地。皇天不負苦心人，無論是痛苦還是挫折，所有的付出都會在成長路上留下足跡。

回頭看，人的一生不在於起點，前路會遇到什麼是未知的，路的盡頭在哪裡也無從知曉。你唯一能做的就是堅持走下去、不斷學習，找到自己的人生方法論。**一個人最大的投資就是時間，你把時間花在哪裡，哪裡就會生根發芽、開花結果。**把時間花在創新創業上，事業不會怠慢你的。

採訪手記

見到董冬冬時，是在能俯瞰蘇州河的頂級辦公大樓裡，他說他要講一個關於「鳳凰男」攀上枝頭的逆襲故事。幾杯茶的時間，「鳳凰男」在我心裡變成了褒義詞。臨開時華燈初上，窗外霓虹閃爍，河面細雨霏霏，我不禁感慨還有多少逆襲故事仍在上海灘靜悄悄地上演。如果你真的覺得命運對你關上了門，最起碼你要上去推一推，說不定門的插銷還沒插上。董冬冬說：「要不斷學習，找到自己的方法論。」而他的人生方法論，也許就藏在這句話裡。

（董冬冬口述實錄完稿時間：2022年春）

Maria

70年後屬馬

- 牡羊座
- 上海人

創業是一場無限遊戲

從事行業：客戶體驗管理

創業時間：5 年

創業資金：500 萬元

「作為家裡老大,我背負了家庭的理想和期望」

　　我是家裡的老大,下面還有個妹妹。父母都是工程師,作為老大,我背負了家庭的理想和期望。幼稚園的時候,就開始讀很厚的書了,小學就近讀了家門口的學校,成績不錯,但到了國中,以前的小聰明好像應付不來了,成績一落千丈,那段日子特別痛苦。

　　我在班上成績倒數,上課聽不懂,被老師漠視,也達不到父母的期望。個頭矮小,平常穿媽媽的工作制服,頭髮剪得短短的,那種自卑感、挫敗感伴隨了我的一生,我也在用我的一生對抗自卑感和挫敗感。

　　阿爾弗雷德‧阿德勒的《自卑與超越》這本書對我影響很大,他認為人類的行為都是出於自卑感及對自卑感的克服與超越。這本書引領我認識自卑、駕馭自卑,把自卑轉換成正向的能量,從自卑中獲取向上的力量。

　　因為曾經有過這段處於低谷的日子,我就特別能夠理解現在孩子的心境。我會跟兒子聊我小時候,給他看我當時的日記:「你看,媽媽都經歷過,所以懂得。」

「知識是灰姑娘的水晶鞋，是哈利‧波特的魔法棒」

在我升國中的暑假，媽媽的公司鼓勵員工去上電腦課，她聽不懂，但她非常有遠見：「這個東西好，我聽不懂，但我要讓我女兒聽得懂。」於是她幫我報名了電腦班，上課的地方要走好遠的路，天氣很熱，但她堅持送我去上課。我坐在一群大人中間聽課，一開始一頭霧水，聽不懂就硬背，把各種條件、指令背下來，時間長了，慢慢就理解了電腦編碼背後的邏輯關係，結業時我考了100分。自那時起，我好像學會了跟別人不一樣的思維，懂得在什麼樣的限定條件下，推導出什麼樣的結果。

高中時有一次考試，我可能是知道如何用功了，或者超常發揮，總之排名突飛猛進，自我良好的感覺又回來了。這一次小小的驚豔一躍，啟動了我的正向良性迴圈，我的成績變好了。我突然意識到，只要用功、只要掌握學習方法，我也做得到。

前一陣子，我到兒子的學校做職業發展分享：人為什麼要學習？我的答案是：一是有安身立命的技能；二是有更自由的選擇；三是過有意義的生活。最後我總結道：「知識，是灰姑娘的水晶鞋，是哈利·波特的魔法棒。」

「飯店實習的所見所聞，撼動了我的價值觀」

升大學填志願，我自己覺得能像父母那樣當個工程師也不錯，但當時好像大家更多是「做一行，怨一行」吧。媽媽看到上海交通大學（以下簡稱「交大」）有飯店管理系，想一想在高級房間裡吹冷氣滿體面的，我就糊里糊塗填了飯店管理系。

前兩年我過得很開心，因為都是上通識類的基礎課。到了大三不開心了，我突然覺得，為什麼要在交大讀飯店管理這種科系呢？專業課程沒有一點挑戰，輕輕鬆鬆就能應付。我開始翹課，考前衝刺一下，我的自學能力就這樣練出來了。

大二下學期到飯店實習，對我衝擊很大。我第一次感受到，一線的工作這麼辛苦。客房、餐廳、接待大廳、財務各個部門輪一遍，上班太累了。摔壞一個杯子，要罰款100元，每天提心吊膽，嚇都嚇死了。更重要的是，飯店實習的所見所聞超出了我的認知，撼動了我的價值觀。

那時我爸媽的薪水大概不到800元，我也從來沒覺得家裡窮，但這種接待外賓的飯店，一晚的房價就要1600元，宴會廳裡一餐飯就要花掉4000元，吃的那些菜色我見都沒見過，我以前連椰奶都沒喝過。有個香港客人給了我100元的港幣當小費，我都留著捨不得花，總之衝擊太大了。我開始明白，錢是好東西，有錢沒錢差別太大了。但同時，我內心有種驕傲，我絕不會羨慕，看著進進出出一擲千金的客人，我心裡想，總有一天我會迎頭

趕上。

「這個工作中的小插曲,改變了我的一生」

從大學畢業後,我22歲,進入錦江集團的金門大酒店(原華僑飯店)客服部和銷售部工作,基本職責就是做助理和文書。工作沒多久,我被飯店挑選參加市場經濟法律法規集體比賽。幾個人關在小房間裡,整整一個月背誦備戰,一路過關斬將,最後拿到上海市的第一名。這個工作中的小插曲,改變了我的一生。

錦江集團有「外派文化」,幹部早晚要被外派,在外地做出一番成績後,才能獲得更多晉升機會。法律比賽的領隊主管兩年後要被外派到山東濟南開拓中豪大飯店的業務,而因為法律比賽中建立的友誼和信賴,她邀我一起過去擔任客服部副經理。

我毫不猶豫地接受了。24歲,我從被管理者變成管理者。招聘、培訓、裝修、清潔、營運、管理,讓一家高級飯店從無到有開始運轉,那時唯一能指導我的工具就是一本員工手冊。我的電腦底子也派上了用場。我用邏輯思維去制定管理流程,獲得良好的效果。我們的流程化管理、標準化服務,很快在當地豎立口碑,中豪大飯店成為當地房價最高、生意最好的飯店之一。

「第一次接觸網路，我像被電擊一樣」

　　飯店的商務中心和辦公室各有一台電腦，這時期家用電腦尚未普及，當時商務中心的電腦透過數據機連接上網。

　　我記得第一次瀏覽網頁、發出郵件不久就收到回覆的一剎那，渾身猶如被電擊。網路太神奇了，我的心都在為之顫抖，這是要改變世界的東西。

　　我當時意識到，如果把飯店資訊發佈到網路上，就不用天天跑客戶了。於是我買了本入門書，看不懂就硬背，怎麼輸入文字、怎麼插入照片……一點一點學，簡直著了迷，最終我真的做出了雅虎（Yahoo）上的英文版個人網頁。神奇的是，有個科威特人看到後，就在網路上跟我聊天，後來還來上海拜訪我。

　　因為被網路深深吸引，我迫切想學到更多、懂得更多，後續就又自學了html、javascript、SQL以及Frontpage、Dreamweaver等網頁製作軟體。

　　1998年外派任務圓滿完成，我回到上海，晉升為客服部副經理。因為對電腦的瞭解，還負責管理電腦機房。我記得2000年的跨年夜，我在機房值班，忙著換系統、防千禧蟲。

「人的一生中,有很多必然中的偶然和偶然中的必然」

那時事業順利,工作輕鬆又體面。早上上班,午餐後還能睡一覺,下班前洗個澡、吹個頭髮、吃完晚餐,回家路上順便逛逛南京路。我當時心裡想,如果我現在48歲,這樣的生活還不錯。可是我現在28歲,過這樣的生活,豈不是有點浪費?於是我萌生了跳槽的念頭。

人的一生中,有很多必然中的偶然和偶然中的必然。2000年2月某天,我晚上沒事,上網打發時間,剛好看到攜程在網路上刊登第一次公開招募的職位資訊,這不正是我要找的職位嗎!於是我在履歷附上自己做的個人網頁寄過去。

當時面試官見到我,跟我大談網路將如何改變世界、改變旅遊行業,公司前景有多好⋯⋯我心想這還用說嗎?你不用說服我,我早已心嚮往之了。後來他們告訴我,面試時他們對我的印象是「passionate」(「富有熱情」),這正是他們最需要的特質。

「從這一天起,我從直覺管理進化到了資料管理」

進入攜程後,接手的第一個重要任務就是建立Call Center

（客服中心）。那時我完全不瞭解客服系統的運作和服務流程，也沒有現成的東西可以照抄。當時公司常常是行銷推廣的文宣都發出去了，詢問電話洶湧而來卻打不通，我甚至不知道「客服中心服務水準」這個概念。當時白天接電話、到處救火，晚上寫流程、提出需求和技術部門一起修改。我實際上承擔著「網路產品經理」的角色，但當時對這個職位一點概念都沒有。總之很崩潰，主管也對我沒信心，我覺得我恐怕要失業了。

James（梁建章）看在眼裡，什麼也沒說，丟給我一本書，叫我在5月份主管會議上跟大家分享。這本書叫《客服中心管理速成》（Call Center Management on Fast Forward）。我把這本英文書「啃」完之後，徹底明白了，書中把客服中心的方法論寫得很清楚。

從這一天起，我從憑直覺管理「進化」到憑資料管理。我根據書中介紹的方法，和技術部門的負責人一起界定每個業務指標。之前好多四處冒火的難題迎刃而解，我們建立的進電排隊公式系統一直沿用到現在。也是從這一天起，我了解到，原來理論書籍可以真真切切解決現實問題。這段經歷打開了我的認知極限，教會了我一種成長的方法。

「我管理的客服中心,從最開始的3個人,發展到15,000人」

良好的客戶服務,除了高效的話務中心外,服務品質也是關鍵。我記得當時不厭其煩地對員工「洗腦」——客戶就是你的老闆。我還整理歸納了10條服務公約掛在牆上,例如「讓客人聽到你的微笑」、「100-1=0」、「為客人解決一切可以做到的事情」……好像還挺有用的,到現在還在執行。公司管理者到底是不是以客戶為中心,一看就知道,瞞不了任何人。所謂上行下效,前線員工看在眼裡,會有樣學樣。大部分公司管理者只能做到「掛在牆上」,真的落實「以客戶為中心」的人很少。要飯店的客服中心,做到「以客戶為中心」其實非常難,因為旅遊業中的行程、機票、飯店、景點……所有都與使用者體驗有關的關鍵資源並沒有掌握在公司手裡,不可控性非常大。但我認為當時公司從上到下,確實是不計成本地想實現「以客戶為中心」,想客戶所想,所以公司業務突飛猛進。

我管理的客服中心,從最開始加上我才3個人,後來發展到15,000人,包含飯店、國內機票、國際機票、旅遊各項業務的服務,服務水準逐漸成為行業標竿。

「我是那場著名旅遊業價格戰的操盤者」

2011年左右，各大旅遊平台開始打價格戰，有的直接把小旅行社、小代理商的價格放到線上，我們飯店一時找不到戰略方向、競爭策略，一連有4個負責飯店業務的高階主管離職了。公司把我調去擔任CEO，統管採購、服務、技術、人事、財務等。

中國網路上有三場著名的價格戰。一場是美團／大眾點評的價格戰，一場是滴滴打車的價格戰，還有一場就是旅遊平台的價格戰。James曾寫了一封長信給我，說如果我處理不好這些問題，攜程就輸了。於是我開啟了「養蜂計畫」，正面應對平台價格戰，並承諾做不到就降職。

我帶領技術部門完成平台化的技術改造，建立了平台中心；強化了採購團隊協同作戰的能力，根據競爭策略，一家一家地與全國一萬家星級飯店洽談，獲得他們的認可。對手非常強，陣地戰很難打。我作為作戰一方的操盤者，在筋疲力盡的時候會想起父母看的電視劇《戰長沙》：日本人打過來了，中國人奮起抵抗，贏了；第二次日本人又來了，再戰！我和下屬們說，打仗總有輸贏，頂不住就全軍覆沒，但比起戰爭年代，至少和平年代的商戰不會死人，這算是壞消息中的好消息吧。

對手聘請幾千人打地面戰，我跟不跟？對方祭出全產品對折的價格戰，我跟不跟？跟的話，幾十億砸進去，一下就沒了。不

跟的話,我的陣地沒了,客戶都跑了,誰還跟你玩。面對這種兩難局面,可能沒有最好的答案,拚的是決斷力、心力、組織協調力和行動力。

我們的應對策略是,用我們的技術優勢、服務優勢、流量優勢去彌補價格劣勢,讓客戶判斷。最後,採用線上線下、顯性隱性各種競爭策略後,攜程完成平台化的改造,扛住了價格戰的考驗,守住了陣地。2015年,攜程併購了當時的兩大競爭對手——「藝龍」和「去哪兒」,我也榮升至集團的營運長。

「我被矽谷創業風潮深深感染」

併購兩家公司以後,我們進行了一年多的業務整合。從2017年開始,攜程進入了國際化戰略時期。2016年我從中歐商學院畢業,但還是覺得需要深入學習,英文也還不夠好,在管理上我也希望獲得更多的先進經驗。於是,我在2018年申請去美國史丹佛和英國劍橋做訪問學者。離開了在上海有司機、傭人、助理的生活,我每天騎腳踏車去上課,沉浸在知識的海洋裡,空閒時自己煮飯吃,感覺好自由、好開心。

史丹佛離矽谷很近,在那裡做到公司高階主管不算什麼成就,自己創業才是人生贏家。我周圍的朋友不是創業者,就是投資人。我被矽谷的創業風潮深深感染,開始有了創業的念頭。繼續在攜程做高階主管會產生自身價值的量變,但創業會實現自身

價值的質變。

機緣巧合下，我瞭解到客戶體驗管理（CEM）這個領域，覺得非常適合我這個有20年客戶管理經驗和網路經驗的職場人。

當然，作為管理資料化理念的實踐者，我的決策也是理性的。我從經濟學的角度做了關於創業的資料分析，包括創業的得失利弊和投資收益比，也預估了可能的風險。如果說在公司當高階主管是場有限遊戲[2]的話，創業就是場實現人生自我價值的無限遊戲，值得賭一把。

早在幾年前我就有心理導師，但是對於創業，我總覺得自己心理上還沒準備好。創業需要衝動和自信，而女性天生不夠有自信。在美國生活一年，尤其是研讀《心態致勝：全新成功心理學》（Mindset）這本書後，我終於找到改造心理弱點的一些辦

....

註2：美國紐約大學教授詹姆斯・卡斯在《有限與無限的遊戲》一書中提出兩種遊戲觀，一種是有限遊戲，在邊界內玩，以取勝為目的；另一種是無限遊戲，以延續遊戲為目的，探索改變邊界本身，在意的是視界和視域，希冀創造無限可能性。

註3：即 To Customer，面向消費者（泛指使用者）。

註4：即 To Business，面向企業，為企業提供服務（如設備製造商）。

法。同時,我也養成跑步健身的習慣,總之,心理、知識、生理、機會各個方面,我覺得時機成熟了。

「在To B的賽道上,我覺得有機會做出點名堂」

2019年,我正式創業,同時獲得了紅杉基金的天使投資,最終跨過創業這道門檻,進入客戶體驗管理賽道。

經過多年開拓,To C[3]市場的機會已經不多,沒有高額投資很難做起來,市場競爭很容易陷入價格戰。而國內To B[4]的SaaS(software as a service,軟體即服務)市場掙扎多年,各有各的生存法則,且空間巨大,隨著技術成熟、大數據的應用,我覺得有機會闖出名堂,所以選擇了To B的賽道創業,專攻客戶體驗管理。

我的創業理想,就是透過自然語言處理、大數據、人工智慧等技術,設計研發出獨有的數智化體驗管理系統,從根本改善客戶體驗,進而實現最大的企業價值。

阿里巴巴首席商務官吳敏芝曾說:「體驗是新商業時代的核心競爭力。」亞馬遜相關負責人也曾表態:「我們不著眼於下個季度,我們著眼於客戶需求。」使用者體驗是當前商業競爭中至關重要的一環,但放眼看去,企業端為使用者提供服務的手段和技術常年停滯不前,還有巨大的提升空間。

舉個簡單的例子:飯店總機通常只有不到一個人的工作量,

但據不完全統計，全國約有31%的飯店安排了2個人，33%的飯店安排了3個人，22%的飯店安排了4人以上。這種低效的管理方式無處不在，而這也是我們發揮價值的地方。

我們開發了雲端智慧客服系統，用人工智慧、大數據說明企業升級服務，改善服務流程，使客服效率提升80%，客戶滿意度提升至95%，每年幫助企業節約30%成本。

企業落實「以客戶為中心」的價值觀時，往往止於第一步：收集客戶心聲。我們研發了全流程客戶體驗管理系統（CEM），在客戶的全流程上收集全管道的海量客戶體驗資料，借助AI大模型、情感模型等技術和科學品質管制，以及行業知識圖譜等方法論，精準分析和洞察客戶心聲的內容，為企業提供輿情預警、輿情管理、商業智慧資料看板等體驗管理行動閉環，以及科學決策依據和營運管理重點。

「對未來的不安和對現狀的不滿，你總要選一樣去對付」

自己創業以後才意識到，跟創業比起來，在公司做高階主管容易多了。以前帶著團隊一起打仗，上面有公司老闆罩著你，下面則有多兵種部隊供你調遣，雖然James有時給我很大的壓力，但同時他充當「保護傘」的角色。創業之後，這些都沒有了，你變成乙方，能夠動用的資源很少，一切從零開始，從頭做起。你

成為站在最前面衝鋒陷陣，又是守在最後面保護大家的人，這種孤獨感只有創業之後才懂。你突然發現，原來一起打仗的朋友都不見了，社交圈縮小到不是客戶就是投資人，每天還要看帳上還有多少錢。

你必須面對現實，哪怕現實太殘酷讓你不想面對。你不能說「我去躲兩天」，防禦或推諉都沒用，因為創業不容許浪費時間，你沒辦法拖。越早面對現實，逼自己去聽那個壞消息，去見你可能不太想見的人，去談不太想談的事，去找到最佳應對策略。創業就是放著好日子不過，帶著被別人討厭的勇氣，勇往直前。剛開始創業的時候，我非常不安，但這句話對我的影響至深：對未來的不安和對現狀的不滿，你總要選一樣去對付、去承受，你的選擇決定了你的道路。

「創業者必須盲目樂觀」

選擇了To B的賽道，你就需要接受這樣的現實：B端客戶的採購決策幾乎是100%理性的，不像C端客戶會有大量衝動消費；B端客戶往往是多人決策，只打動他們其中一個人沒用，你需要打動整個決策團隊，尤其是團隊中的關鍵人物。

但接觸達關鍵人物需要很長時間的摸索、嘗試，所以To B市場的開發急不得，需要長期持續跟進。你要比別人更耐心、更

專注、更堅韌。而一旦獲得B端客戶的認可和訂單,客戶的轉換成本[5]也會很高。因此我對To B業務的理解是「進入難,出去也難」,客戶的穩定性和忠誠度很高。

作為創業者必須盲目樂觀:有一張印單就會有第二張單,之後就會有第三單、第四單。你要成為團隊中最樂觀的人,現在公司的成長狀態就是透過產品去開拓市場,又用市場開拓業務,實現螺旋式上升和發展。

創業會增強你對痛苦的承受能力,進而幫助你突破舒適圈,獲得進步。每天在極度興奮和極度焦慮中震盪,就是創業者的生活。

「我是『肉食動物』」

我一直覺得,職場上的人分為兩種,一種像老虎、獵豹等兇猛的肉食動物,鬥志高昂,頭腦好、跑得快,很多時間可能都處於休息狀態,可是一旦機會來臨,就會迸發出驚人的能量,發起致命一擊。這樣的人非常敏銳、有創造力,通常非常討厭做重複的事情。

註5:轉換成本是指消費者從原本的產品或服務供應商轉向另一個供應商時,所產生的一次性成本。這不僅僅是經濟上的成本,也是時間、精力和情感上的成本,是構成企業競爭壁壘的重要因素。

另一種像牛、馬、羊等平和的草食動物，不知疲倦，一刻不停地在工作，創造性略差，但韌性夠、執行力強。想落實公司營運細節、收集和處理資料，以及在第一線服務客戶，就適合請這種類型的人做。他們勤懇認真，對枯燥、重複、基礎性的工作容忍度很高。

每個人的個性、經歷、能力決定了他的工作偏好。比如我是急性子，典型的獵豹型，攻擊力強、點子多，但很討厭做重複的事情。如果要我做財務、每天看帳，大概會要了我的命。充分休息會讓我有更大的創造力和爆發力，當然學習對我來說也是一種休息。

就像蜜糖毒藥理論，在帶領團隊的過程中，應辨別出不同人才的類型和特質，把他們放在個性與能力相符的職位上，是領導者應有的意識和判斷。是虎是豹，是牛是羊，都能發揮作用，為公司創造價值。

「我擅長用比我更焦慮的人」

創業到現在，我有140人左右的團隊，最讓我欣慰的是，我的團隊非常給力。我擅長用比我更焦慮的人。我團隊裡的人比我更焦慮，會推著我往前走。反過來，我也會想大家都這麼努力幫我，如果做不出來，該怎麼辦？所以即便壓力很大，一想到我身後的團隊，我就滿血復活，重燃鬥志。

自從走上創業這條路，我就不僅僅是為我個人利益而戰，而是為我的理想、我的客戶、我的團隊和我的投資人而戰。實現客戶體驗管理數位化，提高企業客戶的服務管理水準是我的理想。為了這個理想，我也願意讓渡更多的個人權力和利益，吸引更多優秀的人才，建立更強大的團隊。我相信一旦實現這個理想，我的團隊和投資人都會獲得豐厚的回報。我們的目標一致，利益一致，這是我的底氣所在。

採訪手記

跟Maria約在星巴克，她穿著紅底白花的修身洋裝，戴著一副綠翡翠鑲鑽耳環，從容地喝著咖啡。我第一眼看到她心裡就想：這人一定是指揮過千軍萬馬的領導。衣著講究的創業者不少，但大部分是穿給投資人或客戶看的，維持著幹練體面的菁英人設，而她是穿給自己看的。在創業初期還能有這種遊刃有餘的生活狀態，我覺得很不一般。聽她講了3個小時的故事後，我的觀點獲得印證，她確實不一般。初稿寫完，得知Maria剛剛完成近億元的A輪融資，我與有榮焉，同時有點迷之自信地認為，我有「招財貓體質」，接受我採訪的創業者，已經有兩位都順利完成巨額融資。對了，我跟Maria一樣，是徹底的「肉食動物」，你們呢？

（Maria口述訪談完稿時間：2021年夏）

結語

　　在這一章中,我們認識了4位創業者,他們的出身背景、創業起點非常不一樣,但都在自己的事業版圖裡闖出一片天。

　　恰恰16歲孤身一人來上海時的目標,僅僅是想找個家政保姆的工作。後來她努力籌錢,租下街頭店面的時候,其實還沒有想好開店要做什麼。這算是準備好創業了嗎?但回顧恰恰的成長經歷,她從小就擔起家庭生計,吃苦耐勞、自力更生是流淌在血液裡的東西。到了上海後,她從打雜做起,在現實社會裡打滾,同時不忘學習,邊做邊學、邊學邊做,進修工商管理課程,為她敏銳的商業直覺奠定了系統性的完整觀念基礎。無論是打工還是當老闆,腳踏實地、實事求是幾乎是她條件反射般的行為習慣。也正因如此,當新開的花店門庭冷落時,她能一直保有熱情,花盡心思想盡辦法,堅持到顧客盈門的那一天。也正因如此,當公司壯大,團隊總監們立下「明年業績翻倍」這不切實際的目標時,她會說「刪掉吧,別欺騙自己」;也正因如此,當大家還在

討論朝陽產業、夕陽產業時，她會專注於鎖定客戶的核心需求、把每個案子做到滴水不漏，「別人死了，我還活著，這就是朝陽產業」。

祝榮慶最一開始的工作是拋光車間裡的小工人，我在他30幾歲時認識他，他創建的公司已經擁有100億元的年營收規模。這中間發生了什麼奇妙的化學反應？他又是怎麼做到後勁這麼大的創業起跳呢？在一些人生重要的轉折路口，祝榮慶多次選擇「歸零」。理由只有一個：讓自己迅速成長，寧願放棄近在眼前的穩定保障。他認為光努力行走是不夠的，還要去發現和創造自己的世界。他在電腦商場當店員時，發現了電商這個巨大的機會，看到了手機的無限前景，就主動跳槽到上海，離他要做的事業似乎近一點的地方。在公司裡累積足夠經驗、看清市場方向後，他敢於孤注一擲，為機會下注，多次在市場尚處萌芽期時搶占先機，迅速擴大事業版圖，用行動證明了「選擇比努力更重要」。

董多多剛到上海的律師界「拜碼頭」時，碰了一鼻子灰，但在短時間內把這個古老的行業「玩」出新花樣。他過往看似跨界的就職經歷，報社記者、網站編輯、兼職律師……似乎都在為他日後經營律師事務所打基礎，讓他比同行律師更具備網路思維，更懂推廣、傳播、行銷和經營。他推行的律師事務所新模式被人視為天方夜譚，但他內心堅定，因為他把上海排名前五十的律師

事務所全都走訪了一遍，做了充分的調查研究，精準找到差異化競爭的出路。

　　Maria是名校畢業的，在頂尖飯店完成了職業化塑造和歷練，後又精準跟上了網路熱潮，成為攜程的元老級人物，從無到有建立客服中心管理系統和客戶服務公約，成為行業標竿；她指揮千軍萬馬，在名震一時的價格戰中打了勝仗，憑藉實力和戰績，一步步走上職業經理人的巔峰。在她有創業打算的時候，順利獲得了知名基金的青睞和天使投資，可謂「贏在起跑點」。但Maria深知，在公司當高階主管是場有限遊戲，而投身創業是場無限遊戲。所以在正式創業之前，她謹慎思考：從經濟學的角度做了關於創業的資料分析，分析創業的得失利弊和投資收益比，預估了可能的風險。她也為創業做了很多的心理建設，研讀書籍，找到改造心理弱點的方法，養成跑步健身的習慣，從心理、生理、認知、資金各個方面為創業做準備。

　　從他們每個人的創業故事中，我們都能得出很多創業經驗。如果從創業準備這個角度歸納，我們會發現有很多共通要素，我試圖羅列如下。也許創業開始的信號，就藏在你對這些問題的考量之中。

　　你在人格意志上是否經歷了足夠的磨煉，扛得住現實社會的錘打和暴擊？

　　你是否把提高心智、自我成長放在最重要的位置上，並有足

夠的行動去實現和驗證？

　　你是否對所處的社會和時代有過必要的思考和覺察，善於在平常的生活工作中發現趨勢、捕捉機會？

　　你是否曾充分研究將要創業的領域並累績市場經驗，知曉與同行的差異？

　　你是否對創業所需的關鍵技術、資金來源、人才團隊制訂過實施方案或計畫？

　　你對創業的決心有多大？願意為此付出多少代價？

> 善戰者無赫赫之功，善醫者無煌煌之名。

20 成為老闆

第二章

李雲橋

1990 年生屬馬

- 獅子座
- 江蘇盱眙人

「生意上的頓悟,就是想通就好

從事行業:技術工程

年營業額:數千萬元

創業時間:8 年

創業資金:0 元

我出生時剛下完一場大雨，天上出現一道彩虹，父親為我取名叫雲橋。

我的曾祖父是老兵，退伍回鄉當鎮長，樂善好施，鄉里鄉親間有口皆碑。但是我曾祖父、祖父相繼生病，家道中落。我父親為了幫家人治病，四處舉債，借的高利貸月息5%，靠種田根本還不起。我父母評估後，在我上小學一年級時去了安徽天長市，靠著父輩的戰友關係在當地找出路，賣西瓜、栗子、羊肉……各種小本生意都做過，後來靠賣豬肉站穩腳跟，一直做到2023年。

「我在大學附近出租小套房，做到４０萬元的營業額」

我在老家由奶奶和大姑照顧。記得一直到二年級，我都沒襪子穿，腳上的布鞋露著腳趾頭。我小時候很皮，不好好讀書，考試經常不及格，成績不是倒數第一，就是倒數第二。10歲時，父母把我接到了身邊，我又從一年級開始讀起，所以，我總是比班上同學大一、兩歲。

那時父母住在農民房裡，每天起早貪黑賣豬肉。我覺得沒面子，都不好意思請同學到家裡玩。現在想想，那時我虛榮心作祟，太幼稚了。

我考到了黃山體院體育系。我父母一個月給我4000元生活費，但還是不夠花。交女朋友後，撐不到半個月就沒錢了。我跟

父母商量,一次把大二一整年的學費和生活費給我,後面就不向家裡伸手要錢了,我自己想辦法。

父母匯給我8萬元。我用這8萬元當本錢,租下學校附近的房子,一次租33間房,然後賒帳找人簡單裝潢,弄成小套房,租給學校學生和一些附近的情侶,每間房我只收一、二千元的租金。我在電線桿上貼小廣告,發布出租資訊,慢慢地一年就有40萬元的營業額,每個月有好幾萬的淨利。

大四快畢業的時候,套房的出租生意還是很好,但我覺得目前這個地方裝不下我,決定去大城市闖一闖。小套房一樓有兩間店面,我整理出來交給一對老夫妻開餐廳,說生意好才收房租,生意不好就不收房租。後來他們生意還不錯。我離開黃山前,把小套房一起轉讓給他們了。

「實習期,我把業績做到華東區第一」

2014年,我先去南京工作兩個月,又去上海,幫某牙膏做市場推廣。我負責跟大型商場日用品的部門主管接洽,比如歐尚、家樂福和沃爾瑪,談下核心展位和展業時間,然後分派地推人員去現場促銷。我當時手下有200多個促銷員,他們所有人的薪水都是我在發,按天結算。

我還在實習時,就把業績做到華東區第一。公司希望我到總部接受培訓,但我發覺這家公司內部都由裙帶親戚擔任核心職

位,我既沒背景又沒關係,就放棄了。

6月畢業,我心裡很迷茫,感覺未來沒有方向。我一個高中同學的父親創辦了我們這個行業(技術工程)最早的一家上市公司,屬於生產型企業,面向低端市場,以賣設備為主。我投靠同學,在他那裡做了一陣子,算是入行。

既然入行,我就想學最好的。我問他:「這個行業做得最好的公司在哪裡?」他說在蘇州和深圳。我就去了蘇州,找了一家業界口碑良好、客戶全是外國企業的公司,直接上門應徵當銷售助理。我當時的想法很簡單,我是來學習的,沒有提任何條件。

我跟著老闆做了一年多,他每個月給我開12000元薪水,但我真的能在他那裡學到東西。比如,我們為客戶搭建實驗室,不只是負責設備,還要掌握實驗室的生產製程和技術標準。從前期設計、設備選型到後期施工,一整套流程和方法我都學到了。

我的老闆很厲害,賺了很多錢,但不管我業績做得多好,他都沒幫我加薪。我本來打算跟著他再學一段時間,但在蘇州的同學朋友都因各種原因陸續離開,去其他地方發展,只剩我一個。我在這邊幹嘛呢?沒有頭緒,那就先辭職吧。我回老家待了一段時間。

「創業初期的『獨角戲』，我幫自己創了好幾個身分」

我在老家的日子過得太散漫了，和父母住在一起，每天就是吃飯、喝酒、玩樂。混了半年，日子過得有點頹廢。這時，一位以前合作過的客戶跟我聯絡，說他手裡有案子，以後可以外包給我，只要每個月給他4萬元酬勞，並報銷商務費用，再加專案利潤五五對分。我當時要資源沒資源、要資金沒資金、要人脈沒人脈、要平台沒平台，沒有談判的籌碼，就答應了。

2015年我回到蘇州，註冊公司，沒有成立團隊，也沒有創業資金。2016年，我接到第一筆大的業務，專案金額30多萬元，工程在北京。我帶著幾個工人去北京，自己印了名片，名片上沒印我的真名——我取了個「藝名」叫李樹。我當時想：人家跟你簽約，合約上法人是你、專案經理是你、銷售經理是你、到了現場工地還是你，這有點說不過去——人家肯定會懷疑你這個公司太小了，怎麼從上到下只有你一個人？所以，我那時幫自己創了好幾個「身分」，身兼數職。創業初期真的沒辦法，先接下業務再說。要是什麼東西都想得清清楚楚，就不敢去做了。

我和工人一起住、一起吃，也一起在工地工作。我在施工方面的經驗，就是當時累積下來的。你看我現在的公司，光專案經理就有七、八位，工地上的事情我全部放手讓他們做。我畢竟在基層一線待了那麼多年，他們誰也騙不了我。

「最後一算帳,白忙一場」

那時候什麼業務都接,私人企業的案子、利潤低的案子都接。那個100多萬元的專案做完,最後進到我自己口袋裡多少錢,不知道怎麼算?算不清楚,公司連一個財務也沒有。在做專案之前,我會粗估大概的利潤,但是現場的那些花費,每天進進出出的來不及記帳,最後也不知道有沒有賺錢。

第二個案子,合約金額160幾萬,也沒賺錢,徹徹底底地虧了。談的時候都很好,老闆是東北人,前期付款很爽快,我們施工也很順利,品質管控各方面都不錯,但最終有30%的專案款沒結清。這家公司投了十幾億建造的化工廠倒閉了,倒閉前老闆坑了我,要我把發票開過去,說收到發票就付尾款。結果他拿著我的發票當作固定資產去銀行抵押,把錢貸出來了,但一分都沒給我。我們跟他打官司,官司贏了錢也要不回來,辛辛苦苦賺的錢,都賠進去了。

當時我們還幫淮安做了一個大專案,合約價約1000萬,毛利20%,聽起來不錯,但扣掉各方銷售傭金和分潤,還是虧了。當時公司管理也不嚴謹,不像現在,我們有成本核算、財務、採購、專案經理……一個專案做完,幾分幾毛的帳都算得很清楚。當時只知道埋頭苦幹,現場的支出、交付後的維修、隱形的稅務成本……林林總總,最後一算帳,白忙一場。

另一件事更讓我雪上加霜。那個幫我介紹案子的朋友,每個

月從我這裡拿4萬元的底薪,還找我報銷好幾萬的餐飲、差旅費用,專案利潤再分50%。但他還是不滿足,偷偷把公司接下來的案子轉包給自己老婆名下的公司,我一直被蒙在鼓裡。直到一個下包商跟他鬧不合,找到我我才知道,這件事對我傷害滿大的。

「創業低谷,迎來『頓悟時刻』」

2018年底到2019年,是最難熬的時候。創業初期沒業務,什麼案子都接,但忙來忙去根本沒賺錢。好不容易接到大案子,上下兩頭分傭、分利後一算還是虧錢,背後還被最信賴的朋友算計。公司也不大,加上我4個人,一個銷售助理、一個報價、一個會計,還是半吊子的那種。

有一陣子,我真的想過要放棄。

突然,來了一個機會。那個1000萬的淮安案子,財務上我確實虧了,但我們品質做得很好,施工標準很高,後來環保局的一位官員去參觀,非常喜歡。於是淮安環保局就把一個近1200萬元的案子交給我們做。

我們為這個專案採用了非常先進的設備和施工技術,最後還有超過10%的利潤,甲方也很滿意。我一下子就頓悟了,以現在的市場條件而言,如果去拚低價,只能吸引到低端客戶。沒有技術層面的話,你價格再低,還是有人會比你更低。

我要轉變思路,找高端客戶,做高標準的專案。

做生意，有的時候想法和思路最重要，一旦想通，境界就完全不一樣了。公司的生死存亡轉捩點，就在那個頓悟時刻。做高端客戶、做高標準專案，哪個老闆不想？但要真正做到很難。案子找上門，誰捨得推掉？沒人跟錢過不去，團隊的人力成本、誰不想能省就省？但我在低端市場吃的虧太多，這些經歷讓我痛定思痛，痛下決心改變。比如，我現在對銷售團隊提出要求，私營企業的專案再大，根據我們的核算估價，如果接不下來就放棄，不要覺得遺憾。但如果是政府、中央直屬企業、國營企業的專案，哪怕利潤率低一點，也要想辦法先做。因為這種客戶的專案要求標準高，包括專案的設計要求、管理要求、安全要求、施工要求，每做成一個專案，對團隊都是一次歷練和提升，每個案子都是我們實力的標竿。

「用人不能貪小便宜，貴有貴的道理」

　　市場策略的轉型，前期蠻令人頭痛的。目標客戶提升了，業務技術要求自然要提高，相應的人力素質、能力也要跟上，但當時我的團隊整體水準不夠，所以我就下重本吸引更專業的技術人員。

　　剛創業的時候，我拚命壓縮成本，喜歡便宜的員工，結果事情沒做好，還造成很多麻煩。現在，我就是要花大錢請有能力的人。比方說，我開給暖通主管的年薪都在160萬以上，工程部主

管不僅年薪120萬，還能享有總銷售額的分潤。我們現在一個專案經理的年薪都在80萬以上。有能力的人真的不一樣，貴有貴的道理，他為你帶來的收益遠遠大於他的薪水。比如專案施工管理、現場增項這裡面有很大的彈性空間，一個專業、盡責的工程主管，光是現場增項這一塊，就能多擠出30%的利潤。隨著新的專業人才加入，公司裡一些跟不上團隊步伐的老員工很不適應，慢慢被淘汰掉了；還有一些感受到落差，看到了差距，會虛心學習、迎頭趕上。總之，經過一年的調整，公司團隊也算是升級了。

目標客戶從私人企業轉換到中央直屬企業、國營企業難不難？當然難，但難也要做。我們現在合作最多的一家中央直屬企業，是化工行業的超級巨無霸。最開始接觸到這個甲方的專案，合約金額1200萬元，我們一直很積極地跟進，但當時我們不是甲方的首選。首選是上海一家上市公司控股的子公司，這家公司無論股東背景、行業地位和團隊規模都比我們厲害。作為一個中央直屬企業的決策者，很可能也會傾向選這家公司。但這個專案有一個技術難點，該專案對車間的濕度要求非常嚴格，要攝氏零下50度露點（環境濕度單位）。這是什麼概念呢？轉換成百分比的話，就是車間裡的濕度只能有百分之零點零幾，而正常環境濕度是45%～65%。

我們提出的方案，採用了全球轉輪除濕機的第一品牌，我們與這家國外品牌有戰略合作，可以拿到比市價低300萬元的價

格。所以,光是除濕這一項,我們就比別人低了300萬元的成本。競標時,我們報價1540萬,上海那家公司報價1600萬。然而最終由上海那家公司得標。

「我們把『別人嘴裡的肉』搶了回來」

這事本來到此就結束了,但中央直屬企業的簽約流程很複雜,合約報上去再審核需要10天。我不死心,托朋友要到甲方分公司總經理的電話,發訊息向他說明了一下大致情況。我說我這邊有更好的方案、更便宜的價格。他回覆我說,叫我跟他們採購主管聯絡。採購主管跟我解釋,合約流程已經走完,就差對方簽字蓋章了。這個案子就放棄吧,以後還有案子再推薦給我。人家採購部的老大都這麼說了,我說那好吧,就打算放棄了。但分公司的總經理不同意,他一聽有更好的方案、更低的價格,就放不下這件事,他專門去問實驗室的負責人:「這家公司跟上海的公司比,到底可不可以?」實驗室的負責人說:「還不錯。」

結果,就在簽約流程的最後一天,這個專案又回我們手中。我們相當於把「別人嘴裡的肉」搶了回來。那個案子我們做了4個月,技術層面、施工品質很高,成了我公司技術工程的招牌。基本上客戶看一個就簽一個,只要實地看過這個專案,都二話不說簽約。

只要做到品質到位、管理到位、服務到位,優質的客戶沒有

理由隨便換掉你，而且也樂意把你的利潤往上加。但如果我還是抱著低端市場不放，每次談專案都要比價、壓價，多累啊。

「2019年，是我個人思維上的轉捩點，也是公司發展的轉捩點」

現在我們的經營策略是抓穩兩端，一端是前期設計，一端是後期專案管理。專業的設計加上完善的現場管理，工程交付品質基本上就有保障，也能讓我們保有價格上的優勢和利潤空間。

2019年，是我個人思維上的轉捩點，也是公司發展的轉捩點。現在公司團隊有16個人，都是在那之後慢慢壯大的。

2020年疫情襲來，醫藥行業市場迅速擴大，而醫藥公司是我們的重要客戶，我們的業務量隨之激增。

繼化工1600萬的專案之後，他們的二期改造工程2000多萬的專案和自貢市的3200多萬專案，都交給我們做。最近我們開始施工的一個4000多萬南京專案，就是因為客戶看了我們的化工專案，直接跟我們簽約，並把他們日照的一個2400多萬的案子也交給我們做。

2022年，我們的工程做了8000多萬元。客戶非常認可我們，只要我們前期參與競標，案子基本上就能拿到手。

客戶不是傻子。當你用心去做專案的時候，專案「站」在那裡是會說話的。我們專案做完之後，會回訪客戶，如果客戶各方

面都很滿意，就請他們幫我們發表評論，專案經理會有相應的分潤和獎金。這樣能進一步激勵專案經理用心管理工程。透過建立一些機制，我讓公司、員工和客戶的目標一致、利益捆綁。如果嘴上說一套，手上做另一套，利益分配和目標不一致，最終結果不會好到哪裡去。

「壓力、困難、挫折，是我生活的常態」

現在我沒想著要上市或融資，我們不想去玩這種資本遊戲，就打算專心致志、踏踏實實地把案子做好。工程現場的施工管理，其實永遠達不到100%的完美，只能不斷提升，沒有止境。

我經常跟朋友開玩笑說，如果讓我當公務員，我肯定不會選擇創業，我兩邊鬢角已經冒出好多白頭髮，創業還是很勞心勞力的。壓力、困難、挫折，已經成為我生活的常態。

經歷多了，心就被磨平了。剛開始創業的時候，腦子一根筋，什麼都不管就敢往前衝；遇到一些頭痛的人和事，會著急難過，出去見客戶還會緊張到腳發抖。現在出去，我不管見到誰都能談笑自如，聊得順暢。一個案子無論有沒有拿下來，我都可以接受。拿下來，無非就是繼續好好做；拿不下來，還有別的案子。不可能因為一個案子沒拿下來，公司就活不下去；也不可能因為拿下一個案子，就能萬事大吉、高枕無憂。

做我們這一行，一個案子能不能拿下來，其實在前期就能預

料。你自身的實力、對專案的理解、客戶對你的認可，這些影響結果的重要因素都是確定的，那結果如何心裡能不清楚嗎？就像談戀愛一樣，人家喜不喜歡你，心裡總是有點數的，對吧？

「做人做事，還是真誠一點比較好」

做我們這一行，想發大財很難。沉澱公司技術、完善管理機制、累積客戶，都不是一朝一夕的事情，需要循序漸進，一步一步來。我把父母接過來，原本想讓他們享享清福，我父親卻突發疾病，他才50幾歲。這件事提醒我，工作只是生活的一部分。我幫公司所有員工都買了百萬醫療險，大家聚在一起就是緣分，工作上再拚，也不能拖垮身體。

對於團隊核心成員，我沒有打算分股份，而是直接發總銷售額的分潤，這背後很多隱形的稅務成本和費用成本，我都承擔了，讓員工獲得實實在在的好處。如果成為股東的話，贏的時候分錢都好說，但虧的時候你要讓他掏錢，就傷感情了。

我到現在都不覺得自己是老闆，就是認真做案子的人。即便算是老闆，也沒有理由壓榨員工。做人做事，還是真誠一點比較好。

採訪手記

見到李雲橋本人時，才知道他是90後。他衣著樸素，說話誠懇，比起實際年齡有點「少年老成」。公司辦公室的牆上沒有別的裝飾，掛著一排裱框的客戶表揚信，那是他最引以為傲的成長見證。他自認創業這些年太操心、老得快，「都長白頭髮了」，如果能當公務員，他不會考慮創業。確實，李雲橋在創業路上吃過苦，上過當、虧過錢，但這些經歷也成為塑造他人格的力量。

下決心好像是很容易的事情，難的是肯為決心背後的行動和成本買單。當李雲橋決定放棄低端市場、擺脫價格戰漩渦時，他必須暫時丟掉一些客戶訂單，團隊也要更新換代。高端客戶意味著高門檻，這些成長的代價都是真金白銀，考驗著創業者的決心。也許正因為吃盡了打低端價格戰的苦頭，李雲橋心甘情願付出成長的代價，迎來了企業脫胎換骨般的發展。

採訪初稿寫完給他看，他說很喜歡，隻字未改，他為人處世的方式有種坦蕩。我相信他說「做人做事，真誠一點比較好」是發自內心，因為從長遠看，真誠是成本最低、回報最高的發展選擇。

（李雲橋口述訪談完稿時間：2023年秋）

唐龍

1974 年生屬牛

- 摩羯座
- 山東榮成人

理想很空泛，要用現實填滿

從事行業：工業自動化／能源管控儀錶

年營業額：數千萬元

創業時間：20 年

創業資金：4 萬元

「我說我想去瞭解社會,系主任說支持我」

1994年考大學,我的數理化考到了七、八百分(滿分九百分),但國文、英文成績還是扯後腿,上了焦作的一所大學的應用電子系。

由於考大學沒考好,大一時我一股勁拚命讀書;到了大二,從書本裡抬頭看社會,覺得在學校裡學不出什麼名堂,家裡又沒有什麼背景,也許會面臨畢業即失業的命運。我去找系主任,跟他說我想請假。他問我:「你不上課想做什麼?」我說我想去接觸社會、瞭解社會、分析社會。系主任說:「我支持你」,然後我就出去「闖」了。

我做的第一份工作是廢紙回收。我發現收廢紙的行情是8毛錢一斤,拉到回收廠是3、4塊錢一斤,這中間有很大的利差。

我先是一週一次到同學家,按10塊錢一斤上門收廢紙,很快,我一個月就有一千多塊的收入,成為同學中的「富豪」。幾個月後,同學家裡的舊書舊報紙都被我收光了,貨源成了問題。我就騎一台破腳踏車,跑到各個機關的警衛室,遞一根煙,叫聲「大哥」,跟人家攀談打關係。1、2塊錢一斤地收,還用他們的秤,他們說多重就多重。我心知肚明他們會在秤上做手腳,占我便宜,那就讓他們把我當作傻小子吧。很快我就把市場拿下來了,一個月輕輕鬆鬆賺到2、3千元。

「社會給我上的第一課就是：最底層的競爭存在著霸凌與殘酷」

因為收廢紙搶了別人的生意，我挨了多少打！有次從市區收了三、四百斤的廢紙，騎著三輪車運到回收廠，經過一個村子的時候，村裡收廢紙的幾個人把我連人帶車推進臭水溝。幸虧我情急之中抱住水溝旁的一棵大楊樹，才躲過一劫。

畢業那年，我幫一間印染廠賣布，負責鄭州市場，底薪3000元，業績獎金另計。剛到鄭州，我舉目無親，四處碰壁，就每天蹲守在鄭州的紡織廠門口，觀察出貨狀況，看哪家出得趟數最多，誰家生意最好、出貨量最大，我就找誰。我免費替店家上貨、卸貨，出攤、收攤、清點庫存，哪裡缺貨了也會及時提醒……人都是趨利的，一些小利益換來了生意的機會，我拿下生意最好的一家店，其他店也跟風，都搶著從我這裡進貨。因為需求量太大，印染廠還為此臨時新增一座高溫印染缸。你猜我一個人一個月賣掉了多少布？101萬尺。

麥黃的季節，我在焦作與鄭州之間往返，每週來回跑10趟，坐在貨車上押貨，肩膀曬到脫皮，一撕就可以撕掉一大片。老闆非常認可我做出的業績，只要我回去就帶我吃好料。當地知名的餐廳我們都吃遍了，但一說到分潤，她就顧左右而言他，不認帳、不兌現，我只能辭職。在回家的路上，我摸著身上曬傷的皮膚，想著一個多月的種種辛酸，當時心裡就冒出兩個詞：霸凌、

殘酷。

　　社會幫我上的第一課就是：最底層的競爭存在著霸凌與殘酷。你若想用同樣的招式回擊，只會陷入底層的漩渦逃不出來，你只能快速成長，遠離這個漩渦。

　　雖然我被老闆欺負，但我還是從她身上學到很多東西。有次她帶著我去北京談業務，車在國道上被前方貨車落下的滾木砸中，她的腿被壓傷。在醫院打上石膏後，她第一件事就叫我去買拐杖，要我扶著她去談生意。那種精神徹底震撼了我，所以我到現在還會尊稱她為「大姐」。

「我對自己說，要嘛不做，要嘛就做出個樣子來」

　　1998年，我進入國內排名第一的制動器廠，負責山東膠東市場的銷售。膠東半島沒有大型冶金企業，業務很難拓展，但我不氣餒，沒有大企業還有小企業。那時交通不便，各式各樣的交通工具我都用過，有時甚至租輛腳踏車，奔波於各種企業間，把膠東半島的建築機械廠、礦石冶煉廠幾乎都跑遍了。我的行動襯托得老業務員們無所作為，他們心裡不舒服。有一家企業欠款拖延不還，老業務員彙報說這家企業倒閉了，錢要不回來了。我花了兩、三個月的時間跟進，把欠款要回來了。這進一步激化老員工過往對我的積怨，我被處處刁難，主管也不表態，於是我憤然遞出辭呈。

1999年，我轉調到了另一個分公司，常駐東北負責東北的大型鋼鐵企業。初來乍到，人生地不熟，小旅館一晚要80、90元，我捨不得。鋼廠南門外有個小浴池，洗澡20塊、過夜20塊，我就在浴池住了一個星期。隨後花880元租了一間房，房東留下兩個大木箱，一拼就是床。房間裡沒人可以說話，我每天花一半的價錢買前一天過期的報紙，大聲念報紙、背報紙。

我白天在鋼鐵廠裡閒逛，你很難想像一個東北的鋼鐵廠能有多大，足足有100平方公里，裡面有火車、有交通警察，從東門走到西門超過10公里。我每天就帶著一瓶水、一個麵包，在工廠裡走整整一天，44個分廠我全部走遍了。晚上回到租屋處，吃飯就是開水饅頭配鹹菜，娛樂生活就是背報紙。

由於我所在的公司曾經與東北大廠的採購有矛盾，很多年沒有新訂單，處於冷凍期。我初生之犢不畏虎，也不清楚底細就去了。我對自己說，要嘛不做，要嘛就做出個樣子來。剛開始碰了無數個釘子，忙了半年都沒成果。

皇天不負苦心人，我從一個改革後新設的分廠找到突破口，由於是新成立的工廠，團隊人員比較年輕，好接觸、好溝通。我跟他們負責採購的大姐關係很好，好到我可以在她家跟她丈夫打電動，她煮飯給我們吃。

最後終於得標，可以簽新訂單了。東北市場多少年沒訂單了，總部的人沒想到我一個年輕人能打開銷路，面子上有點掛不住。我曾經稱呼為師傅的一位前輩居然從中作梗，想使我難堪，

故意弄錯推動器的型號。設備千里迢迢運到，搬到天車上，一台天車有40幾公尺高，一台推動器30幾公斤，扛上去發現型號對不上，裝不上，沒辦法只能把舊的推動器裝回去。晚上我請大家吃飯，安撫一下。東北70度的高粱酒，我一個人少說喝了兩斤。

「自己搞清楚，就再也不會被別人糊弄」

從那以後，鋼鐵廠的招標我一概不參加，我要把技術、產品研究清楚，確保不再犯錯才肯參加，於是我開始了爬天車的漫漫長路。早上進廠，借頂安全帽，一家家分廠拜訪，給現場工人遞根煙、說句好話，讓我爬上天車，實地測量各個廠家的推動器，做記錄。晚上對照我們的樣本，連同其他廠家的產品參數，仔細深讀並做了大量筆記。

東北鋼鐵廠裡有2000多台天車，我用了兩個月時間，一台台爬上去，爬了500台。我爬上的每一台天車，都記錄了工點陣圖和制動器配置表，厚厚的筆記本我用掉了好幾本。自己搞清楚，就再也不怕被別人糊弄。我把這些記錄拿給鋼鐵廠負責採購的大姐看，並說：「以後所有的招標我都要去投標，你放不放心？」大姐很鄭重地點點頭。

一年內，我就壟斷了當地新鋼鐵廠的銷售管道，每年我一個人簽下的訂單有一千六至二千萬元。

2000年，有人拉我一起在瀋陽合夥開公司，做銷售代理的

生意，我只是小股東，其實對公司沒什麼話語權。忙了一陣子，因為不想搶佔老東家的生意，在東北綁手綁腳，我就想換個地方試試。

2002年我到廣州，搭火車一路北上到福建、浙江、江蘇……我想到外面多看看，能留在哪就是哪，只要有港口就行，因為大規模鋼鐵廠的附近一定會有港口。就這樣，火車一路把我帶到唐山，我發現唐山很好，鋼廠多、有港口，當地居民很多都是早年闖關東的山東、河南、河北人，跟我的個性很合拍。於是我就把唐山當作事業重新開始的地方，從此一待就是20年。

「我決定以後再也不能跟別人合夥了，要做就自己當老闆」

時間到了2003年，10月時我女兒出生，我老婆打電話跟我說：「家裡沒錢了。」我當時心裡很不是滋味，當晚11點，我要回了一筆15,000元的貨款，繳了老婆的住院費。人說三十而立，我下定決心，以後再也不能跟別人合夥了，要做就自己當老闆。

我湊了40,000元，成立了自己的公司，有什麼賣什麼，客戶需要什麼，我就進什麼貨。制動器、儀器、儀錶、電子設備、機械、液壓……其實就是做轉手買賣。到了2007年，經過四、五年的耕耘，我迎來收穫的一年，趕上各大鋼廠擴大產能，採購量劇增，我賺到人生第一桶金。

2008年，唐山的一家鋼鐵廠要做兩個大項目，我根據2007年的經驗感覺巨大的商機要來了，就大筆投入。沒想到碰上北京舉辦奧運會，有保衛藍天的環保任務，唐山各大鋼廠都被大規模停產、限產，我投的兩大專案都暫停，我血本無歸。

我沒哭，但開始深入思考。制動器的技術門檻太低，同質競爭激烈，招標拚價格，幾乎無利可圖，或者說投入產出不成比例，弄不好還要賠錢。我有了轉行的念頭，但做什麼好呢？我從客戶中尋找答案。我走訪客戶，廣泛調查研究，進口儀錶這個項目進入我的名單內。

當年進口儀錶還相當神祕，國產儀錶無論性能或品質都無法與之相比。可是改革開放這麼多年，進口儀錶在國內的銷售權早已被壟斷，我只能拿到低級分包權，價格透明、利潤率低，於是我把目光轉向國際二、三線儀錶品牌和國內一線儀錶品牌。

2009年，我抵押房子貸款，租下兩層辦公室，天天與各個儀錶廠家的業務員聯絡。一時間，我的辦公室成為當地儀錶業務員之家，天天高朋滿座。到了2009年10月，貸款基本上花光了，但機會也隨之而來。自那年10月份開始的大型儀錶採購招標，我只要參加就得標，成了標王。

那兩年，中國的鋼鐵產能以倍數增長，工業自動化進程也在加速，所以生意很好做。尤其2009年到2012年，公司只有一個財務、三或四個銷售，一年就有好幾千萬的銷售額；員工跟我超過5年的，我就獎勵他們送一輛汽車。

「我到德國漢諾威參觀國際儀錶展，沒看到什麼新東西」

居安思危，我感覺在進口儀錶的競爭中，我不是遊戲規則的制定者，供應商對我市場銷售區域的限制很大，我無法完全施展，只能在他們劃定的圈子裡玩，不痛快也不開心。

2014年，我到德國漢諾威參觀國際儀錶展，希望能找到品牌讓我做國內總代理。可惜沒有結果，因為沒看到什麼新東西。

西方發達國家自1990年代初，就開始把冶金高污染產業轉移出去，他們在冶金行業的自動化發展腳步已經放緩。中國的儀錶自動化一直在向西方學習，但西方其實也沒什麼新東西了，我們是時候該拿出自己的東西。尤其是近年更新換代的晶片級感測器，從軍工領域逐漸解密，走向民生工業，使我們有可能自主從事應用型開發。

於是我萌生從銷售代理轉型為自主研發的想法。我們70後多少都是有點夢想的，尤其是賺了些錢以後，這輩子還是想做點更有意義的事。但從哪裡開始呢？我們找到了氣體流量計這個很小的切入點。

「沒想到後面有那麼多的『坑』等著我」

冶金煤氣是冶金過程中的副產品，具有較高的熱值。隨著環

保和節能減排的要求日益嚴格，自2010年起冶金鋼鐵企氣都在大量籌建煤氣發電，這期間我們發現因為冶金煤氣的高汙染、高腐蝕性、高濕度的特性，原有各類型的流量計都無法做到長期穩定的精準測量，使後期的燃燒管理和能源管控缺少準確的資料依據。這是行業通病，困擾著所有冶金、鋼鐵企業，解決痛點就是剛需。我就想研發出適用於高汙染、高腐蝕性、高濕度介質環境的氣體流量計，為耗能企業提供精細的能源管理。

這款產品雖然切入口很小，但適用範圍很廣，可以應用到冶金、石油化工、煤化工、火力發電等各個行業。

最初我想得很簡單，一年投400多萬把團隊建立起來，前前後後再花800萬，大概就能把產品研發出來，如果失敗就及時止損。沒想到後面有那麼多的「坑」等著我，每個「坑」都不重複，而且越填越多。

光是為了組建一支研發團隊，就不知道走了多少彎路、花了多少冤枉錢。那段時間我到全國各地拜訪專家，只要聽到一點相關資訊，就提著禮物上門求教。天津、北京、上海、深圳、西安、開封……我去了不少地方「請神仙」。但因為我們專案太小，後期持續性不明朗，別人看不到希望。我碰過無數釘子，遇到很多「假神仙」，錢也打水漂。但不斷嘗試以後，老天有眼真「神」浮現。

目前我們的這支研發團隊有參與制定國家相關行業標準的專家，有曾做過國內大型鋼鐵廠廠長的總經理，對每一個製造工藝

環節都瞭若指掌；有懂機械設計的，還有懂資料建模、軟體發展的。

從最初有這個自主研發的想法到建立資料模型，製造出理論模型機，我們花了兩年時間。剛開始找不到技術方向，苦思冥想無所得。有一天，我無意中看到街邊的柳樹，風起時柳條搖擺，風停時柳梢下垂，從中獲得靈感，經過近一年時間的探討論證，模仿這個自然現象建立資料模型。經過無數次風洞實驗，我們累積了數萬組統計資料，不斷分析、除錯、嘗試，終於在2018年底做出了理論雛形機，並順利通過河北省計量院的精度和重複性測試。到這時的研發投入，已經遠遠超過我的預估。

「技術產品化，更像是要把『一』做到『萬』那麼難」

有人說，創業路上，從「零」到「一」的最初階段最難，到後面就是在「一」後面不斷加「零」的批量複製過程。研發出理論雛形機相當於從「零」到「一」，但是把理論雛形機產品化，這個過程的難度超乎想像，根本不是在「一」後面加「零」。你以為在「一」後面加「零」很容易嗎？其實更像是要把「一」做到「萬」那麼難。

都說萬事俱備只欠東風，其實在產品化的過程中，我們欠的「東風」太多了，多少好點子都夭折在供應鏈上。因為在產品化

階段，要面對的阻力涵蓋多個學科，涉及各個領域。在一個產品中，光是運算系統就包含截流模組、吹掃模組、運算及信號傳輸模組。

理想中的產品要能在露天環境中使用10年，適應南北方各種氣候條件，光材料這一關，我們就摸索了好久。幾經波折，透過與青島的高分子實驗室專家合作，解決了材料問題。緊接著又碰到密封問題，軸承不能增加磨阻，還要確保密封，為此我們請洛陽軸研所的專家來上課、指導。為找到滿足密封要求的軸承，又花去半年的時間。還有閥門，供應商不可能為了我一個產品樣機降低起訂量，一批訂20個不行就再換一批，幾次下來80萬就沒了。閥門堆滿整間房，只能當廢鐵賣。

我們產品的核心感測器，最初是用德國的，產品的資料模型和技術介面全都以此為框架，研發了兩年，眼看產品樣機即將成形，這家德國感測器廠居然停產了。聽聞這個消息時，我正在高速公路上開車，恨不得直接跳車，簡直萬念俱灰。好在朋友幫我多方打聽，在其他國家找到同類型的感測器，我們又用兩個月時間，把軟硬體設計、安裝，全部推翻重來。電路板、積算儀、顯示器、CPU電源、記憶體……各個介面重新調整。

我的團隊在這期間也發生變動，不知道這條路能不能走得通。我當時放話說：「相信我的就留下，不信我的就走，過年後見真章。」一些跟了我很多年的兄弟撐不下去就走了，人一走把市場也帶走了。我原本的銷售代理業務幾乎停滯，公司本來業務

有進有出，心裡不慌，現在只出不進，我都不敢看財務報表。

比虧錢更讓人恐懼的是，團隊四分五裂。那時候壓力很大，大到讓人憂鬱，都想跳樓了。不過我的辦公室只有三層，往下一看，這也摔不死啊，只好作罷。夜深人靜的時候，我就看書、練字，讓心靜下來。

「如果堅持做一件事，天幫、地幫、人幫，神也在幫」

晚上睡覺，有好幾次夢到一個白鬍子老頭，他會在夢裡給我解決方案，甚至幫我寫方程式，我一覺醒來就趕緊拿筆把夢裡的提示記下來，白鬍子老頭給的招很多都管用！就是這麼神奇！我發現，我堅持做的這麼點事，天幫、地幫、人幫，神也在幫。

創業過了一個臨界點，什麼賠的賺的，已經不在乎了，人會進入到不計生死的狀態。尤其是做研發，你會遇到無路可走的境地，一次、兩次、三次，你還可以忍，咬牙撐過去；但如果是20次、30次，你還能忍嗎？你怎麼忍？怎麼撐？那時候心裡想的不是錢，而是想著如何堅持再多走一步。即便做不成，那我就當後人的墊腳石，把整個技術研發水準提高一點點，讓後來人別再像我這麼辛苦、這麼煎熬。

有一次我到省計院拜訪院長，院長問我：「你為什麼要做自主研發？」我苦笑了一下說：「傻吧！」

我從小數學理化就不錯，兒時的夢想曾是當科學家，後來去做銷售，賺了點錢。但這些錢不能說明我真的有多大的本事，僅僅是沾了時代紅利的光，我希望我以後賺的錢是自主研發換來的。

自主研發的產品化進程，我們走得異常艱難，常人無法想像，也無法理解，尤其是我選了氣體流量計這個切口，跟熟悉這個行業的人聊起來，沒有一個人贊成我做這個，因為太難了，但我還是選擇做了。值得欣慰的是，有一群志同道合的同事選擇留下來，不計回報和個人得失，跟我一起扛。大浪淘沙之後，留下來的是真正的「夢幻隊伍」。

「我預測，我們公司的產品即將迎來爆發期」

2019年底，第一批產品樣機出產，並在河北省計院順利通過校驗標定，精確度1%、重複性0.18%，標誌著產品化初步成功。正當準備大幹一場的時候，疫情來襲、全國停擺。

直至2020年7月，我們獲得河北省計院頒發的校準證書和國家本安防爆認證，這意味著我們產品可以生產了。7月29日，我們的第一台產品就進廠安裝。安裝前，我專門召開會議，說要做好「隨時挺身擋子彈的準備」，結果卻出奇地好，現場安裝順利，客戶回饋積極，試用了一個月就追加訂單。

我們讓一些鋼鐵生產大客戶免費試用產品樣機，訂單陸陸續

續、源源不斷地過來。今年訂單帶來的收益已經可以打平日常經營成本，公司走上良性發展的軌道。

以鋼鐵企業為例，一家400萬噸產能的鋼鐵公司，對氣體流量計的使用量為100～150套，2020年中國粗鋼產能約10.53億噸，由此可見，氣體流量計的市場有多大。我個人預測，我們公司的產品即將迎來爆發期。

氣體流量計的開發只是我們的一次試水溫，我們的自主研發能力和產品化供應鏈建設都經歷了磨練和考驗。未來，在用戶端，我們會與耗能企業建立發展共同體，用科技解決客戶的現實痛點，實現銷售前置、精準相容和使用週期內的全程免費維護；在銷售端，我們會用直銷與代理商相結合的模式，建構共生共榮的銷售網，讓我們自主研發的產品觸及更廣泛的行業領域。

未來3年內，我們計畫與全國300萬噸以上產能的冶金企業達成合作，並在石油化工、煤化工、火力發電等領域佔有一席之地。

「我做的不僅是好文章，更是大文章」

也許自主研發有一萬條路，只有一條路能走通，我試了無數次，走了很多彎路，交了很多學費，終於走通了，其中的艱辛只有我知道。回想起來，每到關鍵時刻，走投無路之時，老天就會賜你個神蹟。自主研發的核心是人才和供應鏈，然後是銷售網

路，靠一個人學會十八般武藝、單打獨鬥，肯定來不及。

　　我希望我過去踩過的坑和走過的路都算數，一步一腳印，一磚一瓦搭建出一個促成自主研發的平台，讓專業的人可以心無旁騖做專業的事，其他的事我來整合。中國製造領域藏著大量人才，人才的腦袋裡裝著無數的好點子。如果我的平台能幫助他們解決團隊的問題、供應鏈的問題和銷售網路的問題，那將釋放出多大的能量和價值！

　　我把公司取名為「潤格」，要想賺稿費就要寫出好文章，我做的不僅是好文章，更是大文章。理想很空泛，要用現實填滿。

採訪手記

　　唐龍在大學期間就會向系主任請假,說要去社會「闖蕩」。靠收廢紙賺了第一筆錢,從社會上學到的第一課是:「在社會最底層的生存方式,存在著滿滿的殘酷。」你只有快速成長,遠離這個旋渦。也許就是這種掙脫旋渦,向上成長的內心力量,支撐著他敢於去做別人認為不可能做成的事。他多次陷入絕境依然心懷希望,選擇相信別人不敢相信的事。「自主研發」這四個字,在急功近利的時代有多難,看了這篇文章你就懂,仍然堅持自主研發的人有多可貴,也都在文章裡了。

（唐龍口述實錄完稿時間:2021 年秋）

Anna

▪ 獅子座

這些道理，當了老闆才懂

從事行業：食品貿易

年營業額：15 億元 +

創業時間：10 年

創業資金：500 萬元

「我嚮往《曼哈頓的中國女人》那種傳奇人生」

媽媽生下我沒多久就中風了,嘴巴有一點歪,那時她才26歲。你想,容貌受損對一個年輕女人意味著什麼,但她每天還是認真上班。她在一家大廠工作,負責幫政府蓋房子,每天跑設計公司、區公所,拋頭露面的工作不少,她做得比誰都好。她的好強、上進、樂觀深深影響了我。

媽媽買過一本書叫《曼哈頓的中國女人》,我小學一年級的時候就看完了,書中花花綠綠的世界那麼遙遠,那麼精彩。作者周勵在紐約做國際貿易,叱吒風雲,那是何等的傳奇人生啊!我羨慕又嚮往。我考大學就選了國際貿易系,一路念到研究所。2002年底,上海交大徐匯校區的浩然科技大廈舉辦專場招聘會,我當時面臨碩士畢業找工作,學校裡二十幾個人,組團一起從武漢來上海,帶著履歷謀求前程。

第一次到上海,就經歷了狠狠的打擊。那麼大的就業博覽會,人擠人,履歷滿天飛,我們只能等待被挑選,那種不值錢的感覺太難受了。我一分鐘都不想多待,在博覽會的第一天投了幾份履歷後,就買火車票逃回武漢。

過了兩天,我在學校接到來自上海的電話,通知我第二天面試。怎麼可能,我人在武漢根本來不及,我想也沒想就拒絕了,沒想到HR(HumanResources,人力資源專員)在電話那頭把我狠狠罵了一頓:「你不是投了履歷嗎?你不是要找工作嗎?你

不是要出社會嗎？那你就拿出你的工作態度，不要覺得你還是個學生！」HR的一連串拷問直接把我拍醒。我當天就買機票飛上海，生平第一次坐飛機，嚇得渾身發抖，從武漢到上海需要1小時20分鐘，我的腿都是軟的。

「在他身上，我看到真正的工作態度」

面試一路綠燈，當場簽約錄取——香港貿易公司總經理秘書，試用期月薪12000元，轉正後13000元，我算正式進入職場了！HR只囑咐了一句：「要進入職場了，去買幾件適合的衣服吧。」

公司在中信泰富廣場，我小小的虛榮心得到了極大滿足，我要在上海灘黃金地段的高檔辦公大樓上班啦。那裡商店的標價都是天價，我根本不敢逛，因為知道哪怕打一折也買不起。我跑到新世界，幫自己買了一套西裝；又租了一間套房，月租金2400元，裡面的蟑螂有拳頭這麼大。

那時每天都很魔幻，從狹小的租屋處出來，騎著房東借給我的破腳踏車（這樣可以省下40元交通費）到公司樓下，換上套裝、高跟鞋再進去上班。公司不准帶便當——「要保持專業形象」、「五星級辦公大樓，辦公室怎麼能有飯味？」在這種寸土寸金的地方，最便宜的一份便當要120元。這就是上海，一個公司小白領，拿著8000多元的微薄薪水，用盡心思保持著職業

體面。

　　從象牙塔到真職場，我又經歷了一番打擊，我怎麼連清潔工都不如，傳真機怎麼操作？影印機怎麼補紙？我是應試教育結的果，讀了那麼多年書到了職場，什麼都不會做！一切要從頭學，公司上上下下，不管是誰，我都把他們當老師，連公司總機、清潔工都不漏掉，時間長了，我周圍形成一個互幫互助的小圈子，我這個職場小菜鳥不再那麼無依無靠無助了。最幸運的是，我的頂頭上司，一位加拿大籍香港人，他是我見過最有涵養的老闆，是那種連發火都面帶微笑的人。在他身上，我看到真正的工作態度：尊重、包容、敬業、同理心、情緒管理。我當他助理的第一年犯了許多無知的錯誤，他總是笑著批評我、指導我。年底調薪的時候，他問我的想法。我大著膽子說想加薪2000元，最終他幫我加了3200元。這件事對我觸動太大了，你真的想要牢牢抓住一個人，就要給他超出預期的回報。這份激勵，雖然差別只有區區1200元，但喚起我的成就感和忠誠度是無限的。

　　遺憾的是，我的第一份工作，雖然讓我認識到什麼是職場、什麼是工作態度，但由於做的畢竟是秘書、助理，專業度不高，我學了7年的國際貿易，無處發揮。一年多後，我的上司要調離上海回香港，他臨走前讓我考慮一下，以後有什麼打算，可以幫我安排調動。舉棋不定之際，公司裡早半年離職的業務發展部經理約我，問要不要到他公司試試。之前他還在公司的時候，我時常向他請教問題，他工作能力非常強，也願意耐心指導我，是真

正領我入行的人,我沒有任何猶豫就去他那裡了。

「沒那兩年的打雜,我根本開不了公司」

他所在的公司是國營企業改制後的一個事業部,承包經營進口肉類。我做業務二部副經理,底薪10000元,比前公司還低了4000多元,但我終於可以接觸到業務了。上班當天看到一張張貿易單據,好興奮、好親切,這才是我學了7年的老本行。

我的職位是副經理,但在公司的前兩年,就是輪值打雜:統計、審單、報關、翻譯……很多事務性工作,跟各個窗口打交道,財務、行政、人事、採購、倉庫、稅務、海關……每天填無數個表格,核算上千個資料,還常常挨罵。兩年內我提離職5次,但又鬼使神差般堅持下來。

等我創業後回想,若沒有那兩年打基礎,我後來根本開不了公司,千萬不要嫌棄那些不起眼的基礎性工作。沒有財務、後勤、行政、營運,公司如何能運轉?那些表格沒有白填,真是練出了火眼金睛,各項稅種、稅款、稅率,我分得清清楚楚;報關價格、保證金、費用比例,我算得比財務還清楚;海關、倉儲、物流各窗口的人,我也漸漸都混熟了,這些都是做外貿的基本功。

第3年,主管安排我去當採購。那時市場還沒有完全開放,公司要證明自身資格、要通過審核,非自由競爭。對外發發郵

件，聯繫海外工廠，報盤出價；對內向各種客戶報價或代為還價，既買又賣，這種鍛鍊是全面的，我逐漸累積了行業經驗。

2007年，有位南京的客戶從我們這裡進的一批豬耳朵品相太大太紅，擔心有問題，我親自去客戶那裡協調。一路上，客戶一通通電話打過來，我接個不停，嘴裡說的都是「豬頭」、「豬耳朵」這些詞語，車廂裡有個同齡的女孩，可能是做公關的，衣著得體，也在講電話，人家說的是明星、主持人、舞台……我當時覺得滿尷尬的，因為都是女生，從事的工作太不一樣了。人家在時尚界，而我一頭栽進「禽獸界」。但這麼多年下來，我真正感受到進口肉類行業的實惠，中國人口紅利的強大。

「堅強是唯一的出路，否則，連翻盤的機會都沒有」

2009年，公司總部因故業務停滯，可是我們分公司的勢頭正旺，生意正在高速運轉中，停不下來，重新成立公司也來不及，最後我老闆出資買下一家現成公司，重整旗鼓繼續開工，並與老公司簽署了清算協議，約定所有未盡事宜，包括相關債務和責任，一律由新公司承擔。

老闆邀我當合夥人，註冊資金2000萬，他拿95%我出5%。我其實沒存多少錢，我的100萬是他幫忙墊的。

我對股權這些一點概念也沒有，就是想做事，每天有用不完

的力氣。當時我剛剛生了女兒,坐完月子就去上班。早上餵完奶就趕到公司,一直忙到中午,午休空檔去擠奶,然後繼續工作,下午4點趕回家餵小孩,在家繼續辦公,跟海外供應商聯繫不斷,幾乎從沒在晚上12點前睡過覺。那時市場已經陸續開放,自由競爭,全憑市場嗅覺和行業經驗,我就像一個操盤手,每天在電腦前指揮千軍萬馬,每年的業務增速都在100%以上,7年的科班學習在實際工作中充分發揮,我也完成了初期的財富累積。

生活不會總是對你微笑,每個人的一生都會經歷風雨。2012年,我遭遇人生的低谷,但生活的打擊並沒有讓我沉淪,這段時間我最重要的感悟就是堅強是唯一的出路,否則連翻盤的機會都沒有。在那些至暗的日子裡,〈Stronger〉這首歌鼓舞了我,很多優秀的書籍滋養了我,正是這段艱苦的經歷帶給我面對挫折、接受打擊的心理鍛煉,讓我淬煉成鋼,不屈不撓。

「這些道理,當了老闆才懂」

2013年10月,我正式自立門戶,開始創業,員工只有4個人。貿易公司最低的註冊門檻要2000萬元才能拿到進口資格,我把多年累積的老本湊出來,朋友也借錢給我,作為日常經營資金。

當老闆比做業務難多了!做業務,你只管在前線衝鋒陷陣,低買高賣;當老闆需要考慮的問題撲面而來,完全不在同個水

平。你要比財務更懂財務,比人事更懂人事,比行政更懂行政,比市場更懂市場,比客戶更懂客戶。要能攘外安內,當老闆經營公司就如海上行舟,既要保證船不翻,還要不斷超越……

當老闆後,心裡對以前老闆的積怨都釋懷了,因為換位思考後發現,業務之所以能披荊斬棘、一往無前,正是因為後面有老闆擺平了一切,提供了賢士和舞台。這些道理,當了老闆才懂。

我很慶幸自己選擇了進口肉類的食品貿易業,這真的是一個非常實惠的行業。我剛入行那時,行業有入門門檻,玩家並不多,拚的是資質、是後臺;現在門檻降了,玩家多了,拚的是專業和實力,是準確的市場判斷和敏銳的操盤能力。行情、疫情、匯率、存欄、政策、關稅……包括國家打擊走私的風聲、力度,你都要知道。我每天都在學習,努力勝任老闆的角色,公司也在飛速發展,從最初的4個人擴展到23人,銷售額從4億做到15億。

「讓員工像老闆一樣思考」

春風得意馬蹄疾,2017年我陷入誤區。那時社會上的錢突然多了起來,各種熱錢排著隊找上門,熱氣騰騰,鬧鬧哄哄。現在想來很荒唐,但當時人在其中不自知,相當膨脹,天天吹牛,見各種投資人士,聽的說的都是些新概念和新名詞,融資收購、區塊鏈金融、豬臉識別系統、牛羊定位跟蹤APP……總之天花亂墜、騰雲駕霧。公司我也不怎麼去了,瞎忙一年,到頭來一看,

什麼都沒有留下。

2018年，最早跟我一起出來打拚的公司元老紛紛離開了，我所信賴的人都走了，雖然他們離職的原因各異，但我陷入挫敗自責的情緒裡遲遲出不來，眾叛親離的滋味太苦澀，我一度心灰意冷，想把公司一關了之。

老公問我：「你把公司關了以後，想做什麼？」我想了想，說：「休息幾個月，再開一家公司吧。」原來我心裡還是想要繼續做。

從哪裡跌倒，就從哪裡爬起來。我開始非常認真地考慮團隊的問題，如何培養一支有戰鬥力、有凝聚力，能和我肩並肩走到底的團隊？面試的時候，我問的最多的問題就是：「你來公司的訴求是什麼？」這個問題是塊試金石，應徵者是不是有想法、有幹勁，他的內在動力是什麼，他對公司的期許是什麼，一問便知。

馬雲說過：「如果公司多幾個老闆思維的人，何愁公司做不好。」我花了三年時間摸索建立公司的激勵機制，想讓員工能像老闆一樣思考。

一開始，按毛利定指標算分潤，大家都爭著去賣利潤高的貨品，微利的貨品堆著沒人管；後來我改成按業務量算分潤，也不行，大家都不顧利潤，壓價傾銷……不斷改善、不斷修改，績效考核逐漸完善。第一年，在保障底薪的情況下，有5項績效指標按季度考核評估；第二年，進行分階段獎勵，先享受按業務量分

潤，達到一定數量級後，再享受毛利分潤；第三年，增加股權激勵，以5折價格分配公司股權，並承諾三年後可由公司回購⋯⋯不能說目前的公司制度盡善盡美，但卻是在正確的路上走。

現在的團隊有能力和活力，我比以前也輕鬆了很多。如何讓員工成為公司的主人，依然是我目前最重要的課題。今年，之前離開我們的老戰友們陸續又回來了，我們更加珍惜彼此，珍惜這個共同的「家」。

「寧可別人辜負我，也不肯我辜負別人」

2019年對我來說是最瘋狂的一年。先是非洲豬瘟，又逢國內存欄大降，供應不足、豬價暴漲，行情每天變動，我們就像坐在火箭上，「衝上雲端」賣肉，賺錢賺得人心惶惶。

2019年11月，國家宏觀調控出臺，豬價一夜之間崩盤，我們又從雲端掉下來，但這反而讓人踏實許多。

2019年底，我預測豬價見底，趕緊補貨，一口氣訂了500櫃（一櫃即一個集裝箱，一櫃可裝25噸貨物），準備開春大幹一場。人算不如天算，新冠疫情來了⋯⋯包括上海港、天津港、鹽田港，多少港口暫時關閉，多少進口冷鏈貨輪無法卸貨，連一個空餘的接電插口都沒有。我們經營的都是冷鏈凍品，貨品進不來賣不掉，港雜費上千萬，很多同業大咖都沒挺過去。

我最自豪的是，在這行做了這麼多年，沒有放棄過一單（指

單方面終止合約），再苦再難也要重守信用。2019年累積的家底，2020年全賠進去了，最困難的時候，我自己和家人的信用卡都刷爆了，我所有的身家都押在貨上。

我寧可讓別人辜負我，也不肯辜負別人，否則我自己心裡那一關過不去。但時間長了，吃虧的人受益最大，我堅守的誠信為我帶來回報。我的海外供應商知道我是信得過的人，願意和我共患難，在貨品最緊缺的時候，都會首先為我供貨，當然我在市場價格出現巨大波動時，也從不棄單毀約。

憑著這種堅守和契約精神，我們企業也獲得國家和政府認可，成為市政儲備單位，並獲評為國家進口誠信企業和進口凍品「國際貿易十強企業」。

2020年6月，市場回暖、消費回歸、公司回血，剛喘過一口氣，結果北京新發地又出現疫情，我們做冷凍肉的又開始提心吊膽的日子。塞翁失馬，焉知非福。由於新發地疫情，國家嚴查進口端貨源，暫停了三大感染風險區的進口貿易，又趕上國內南方洪水，供應量少了、價格又上升，公司業績又一點點扳回一局。

「創業就是這樣，一波未平一波又起」

2021年從1月到9月，豬肉價格一路下跌，這在以前是從來沒碰過的。以過去的經驗看，價格連續掉兩個月就應該漲了。所以不少同行用思維慣性賭它上漲，結果一個月價格沒起來，兩個月

價格沒起來，三個月價格還沒起來，一直跌了大半年。很多人越賭越虧，貨都砸在手裡，血本無歸。

年初價格下跌，因為有季節性因素，我們有預見和準備，但開春後價格還沒起來，我就意識到，我們不能在極端行情下賭市場，憑個人力量試圖去預測和駕馭行情並不現實。這個時候，越原始的方法越有效，我就老老實實按需求賣貨，根據市場行情確定價格。

所謂哀兵必勝，我們的團隊在面對困難時空前團結，無論外面行情如何波動，我們就是按部就班，各司其職，保證每週賣掉3000萬的貨，虧多少或賺多少，全都交給市場，這反而是最安全的辦法，損失有限、風險可控。6月23日是個轉捩點，豬肉價格跌到谷底，我反而心裡有數，終於看到底了。我讓自己放了個假，去甘青大環線玩了一圈。

回頭看，我們很好地渡過了這場危機，也檢驗了我們的團隊和公司制度。創業就是這樣，一波未平一波又起，一道關卡跨過去又是一道關卡，但最大的收穫是它讓我見識到塞翁失馬的另一面。由於疫情，冷凍肉消費的大勢要來了，大家對高品質進口肉的接受度越來越高。疫情期間，為了盡快消化庫存，我們嘗試把銷售通路進到社區，在幾個試驗地點經營下來，效果超乎預期地好。這給了我啟發和動力，去延伸下游產業鏈，拓展全通路銷售，與國內加工廠合作，進入電商和社區，更靠近終端消費者……

河南先後有兩家赫赫有名的肉品企業，最早的一家曾經多風光啊，火腿生產多少賣多少，提貨的大車從工廠門口排出去幾里遠。但現在誰還聽說過呢？因為冒進擴張，搞多元化經營，誇張到連傢俱廠都收購，因此在大浪淘沙的商戰中幾乎銷聲匿跡了。而另一家一直穩紮穩打，專注發展本行主業，想著怎麼把肉做得更好、賣得更好，多年保持著穩健的行業龍頭地位。

　　也許賺錢的道理就是這麼簡單，無非「專注」二字。但因為簡單，反而不太有人信了。

　　前路漫漫，既然選擇了創業這條路，就保持好心態，調整好狀態，享受每一次經歷，豐富這僅有的一生。

採訪手記

　　Anna是我同年級不同班的高中校友，我對她最深的印象是有一年學校的元旦晚會，她與我們班人稱「校園小虎隊」的三個男生一起跳了一支草蜢的忘情森巴舞，她身穿一件黑色皮衣，動作乾淨俐落，在舞台上英姿颯爽，酷極了。彈指一揮，再次聽說她的時候，她已經在食品外貿行業闖蕩多年，打下了豐厚基業。當面聽她講述自己的創業故事時，我們都已人到中年。她的創業經歷可謂驚濤駭浪，跌宕起伏，但從她嘴裡講出來，風輕雲淡，寵辱不驚。她說創業就是一邊忍受、一邊享受，甘苦得失都是經歷。我驚嘆於時間的魔力，更驚嘆於Anna的英勇。最讓人歡欣鼓舞的事，莫過於看到身邊的每個人都活成自己的傳奇。

（Anna口述訪談完稿時間：2020年秋）

李天琦

1985 年生屬牛

- 天秤座
- 上海人

「創業路上,我從不相信中庸之道

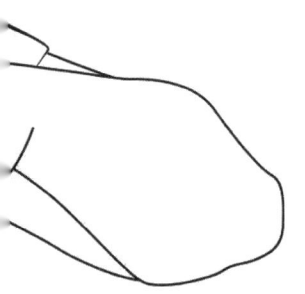

從事行業:汽車網路、新零售
年銷售額:10 億元
創業時間:11 年
創業資金:400 萬元

「我把我的老闆變成我的供應商」

我大學是唸上海東華大學機械工程，進校門沒多久，就不想待下去了。我從小受家裡親戚移民的影響，知道自己不適合常規。2006年，21歲不到，我從大學拿了肄業證書，赴比利時留學，從大一開始讀起，學制3年。

選擇比利時是聽取了父親的建議：比利時雖小，但處於歐洲中心，去歐洲各國都方便，比待在美國一個國家可以長更多見識。

我個性活潑，英文、法文、荷蘭文都在比利時學了點，並積極參與中比之間的文化交流活動，還在華人晚宴當過主持人。2010年世博會，大使館把我推薦給比利時代表團，參與比利時館的物業、保全、物流等工作。在世博會工作的10個月，對我來說別具意義。我的眼界大開，累積了人脈，從國家首相、各級官員到商界領袖，我都打過交道。

世博會結束後，我在比利時布魯塞爾的酒會上認識了一家汽車經銷商的負責人。我當時還在念研究所，但發現在象牙塔讀書這件事已經吸引不了我，我的心早不知飛到哪了。

2011年，我被派駐上海，為比利時規模最大的汽車經銷商建立辦事處，開拓中國市場。其實當時什麼也不懂，以為賣進口車很容易，但前10個月卻一台車也沒賣出去。

在市場上受挫和碰壁中，我漸漸摸出了一些眉目和線索，決

定獨立創業去做平行輸入車[1]生意。我說服我的老闆，把他變成我的供應商。我正式開始了我的創業生涯。

「方向選對，賽道選對，時機選對，不成功都難！」

2012年，我趕上中國汽車消費能力攀升這支火箭，業績直衝雲霄。富裕起來的民眾為了能及時買到心愛坐駕，根本不在乎價格，當時瘋狂到什麼程度呢？從2010年到2015年，是豪華進口車進一步向大眾普及的階段。為了買到一輛進口保時捷，富人肯出高於市價120萬的價格去優先獲得購車配額。

我做平行輸入車生意，缺點是我的貨源不是品牌廠商授權車輛，沒有售後的修理退換服務，但優點是價格便宜還不用加價。面對需求巨大的市場，只要拿到車就是錢。所以我全世界跑，到處找貨源。最瘋狂的時候，我曾經4天跑5個國家，找車源、拿貨源……結果我一下飛機整個人都攤了，直接被送到醫院吊點滴。

2014年，我不再滿足於做進口車貿易，開始從商業模式上尋求突破——進軍電商，打造「51進口車」網，一個B2C的平行輸入車直銷平台。

註1：平行輸入車（parallel-importcars），是指平行貿易進口車，也就是貿易商沒有經品牌汽車廠商授權，從海外市場採購，在中國市場銷售的汽車。獲得品牌汽車廠商授權銷售的進口車，則叫「中規車」。

當時有投資人投資了汽車之家，我想透過他與汽車之家的李想聯絡，尋求融資和業務上的合作。聊著聊著，他自己對這個專案產生興趣，說下次來上海看看。就這樣，他成為我的天使投資人。我們的創業資金只有800萬元，我自己出了400多萬元。你可能不相信，一個2015年才正式上線啟動的專案，到2018年就實現了40億元的交易額。一個只有800萬創業資金的公司，短短幾年估值達到40億。所以，李想總是說選擇比努力更重要。

方向選對，賽道選對，時機選對，不成功都難！

「網路的本質，就是線上圈地運動，搶地盤、搶流量」

網路的本質是什麼？是便捷的交易嗎？是良好的使用者體驗嗎？其實都不是。網路的本質是線上房地產，上海南京路、淮海路上賣什麼東西都能賣得掉，為什麼？因為在那個地盤上，一直有流量。網路的本質，就是線上圈地運動，搶地盤、搶流量。

汽車之家靠論壇起家，有低成本的流量。我把平行輸入車的生意搬到線上，也是搶流量。記得平台發展初期，2015年的雙十一，我們為了吸引流量，策劃了一場註冊搶購賓利飛馳系列車款的活動。當時賓利飛馳的市價至少1000萬元，我們設定的搶購價是900萬元。這個贏取賓利飛馳的活動，總共吸引了16萬人

註冊。

其實這場活動的本質，跟之前小米花800萬設計一個看不出變化的標誌（LOGO）事件，道理是一樣的，就是四兩撥千斤的事件行銷，吸引關注。看似是小米花800萬購買一個幾乎沒有變化的LOGO，但這換來多少關注度，其廣告效應價值根本不止800萬。

我的創業之路還算順利，最大的因素是大環境，趕上消費升級、豪華進口車普及的熱潮，市場足夠大。我在戰術層面做對了兩件事，一是根據市場偏好選對了主打車型：上線初期的2016年，我們把荒原路華攬勝作為主打產品，一下子引進上千輛車源，一炮而紅；2017年，我們又引入賓利。當時全國賓利的銷售量也就2000多台，其中200多台都是從我的「51進口車」平台上賣掉的，交易額達到20幾億元，占全國市場的10%。2018年我們又獨家引進近千台的奧迪Q7柴油版車型，廣受車主歡迎。這幾場仗打下來，我們的團隊在業內贏得良好口碑，樹立了國內市場上的江湖地位。

二是彌補了平行輸入車「先天名分不夠、保障不足」的缺點，透過線上線下相結合的方式，創聯業務服務，提升原有供應鏈效率，為使用者提供完整的交易模式。我們的平台基本實現了車源可控、庫存可控、手續可控、狀態可控、物流可控。售後服務也逐一落實，申請牌照、修改內裝、個人化升級、汽車保險、汽車貸款、全車修理退換、保養維修等等。

「其實買豪華車不是理智消費行為,是衝動型消費」

我認為汽車電商銷售的本質,就是透過線上線下相互整合支撐,提升銷售及服務效率。

經過幾年的發展,「51進口車」涵蓋89款進口車種類、多款暢銷汽車品牌,年度瀏覽人數達380萬人次,SKU(庫存在售商品)價格區間為60萬到1200萬,累計銷售車輛上萬台。

大量的交易行為和資料,讓我們對使用者的真實需求有了切身體會,也顛覆了我們的固有認知。

比如我們發現,其實買豪華車不是理智消費行為,在大部分情況下是衝動型消費;而且買上百萬豪車的購買決策,往往比買十幾萬的車快多了。購買中低端車型的消費者,才是理性消費,研究各種功能、各種比價,試車時恨不得再對著輪胎踢幾腳,看看堅不堅固。買豪車的人反而不會這樣。比如在我們的保稅展廳裡,有的車主一眼看中某款車型,當場就要求下單並同時報關,好像一分鐘都等不及。

再比如,我們原本為了更好的使用者體驗,把賓利的作業系統翻譯成中文,讓車主可以直接享受中文介面。結果我們賣出去一輛車後,車主又派司機把車開回來,要求恢復英文介面,不要中文。我們很納悶,明明車主不懂英文。司機解釋說,車主就是想要看英文原版的開機畫面,賓利車標的那雙翅膀展開舞動,才

是他買車的初衷。

「創業者的生存本質，就是編織一張大網，把可以共事的人聚集起來」

業務上的突飛猛進，吸引了資本的青睞。2015年2月，我們剛完成400萬元的天使輪融資；時隔半年到9月份，就完成上千萬元的Pre-A輪融資；到2016年2月，又完成A輪融資；2016年10月，完成數千萬元的B輪融資；2018年1月，完成近億元的C輪融資；2019年完成D輪融資，平台估值超過40億。

創業者的生存本質，就是編織一張大網，把可以和你共事的人聚集起來。剛開始的那一年，是網路汽車電銷元年，哪裡會有現成的人才可以用啊？只能摸著石頭過河，從傳統汽車行業和新型網路行業招人。要是悲觀地看，這個團隊的人要嘛不懂汽車，要嘛不懂網路；但樂觀地看，團隊裡的人加在一起，就是汽車和網路都懂。

事實上，不同行業背景的人聚在一起，天天讓我頭痛，因為誰也不服誰。後來我就想了一招，我只制定目標，我不管大家說人話還是鬼話，這份工作就是為了實現專案目標而設。誰堅持做到了誰厲害，誰做不到以後就閉嘴，完全以結果為導向。

創業路上，最難的是保持團隊理念一致。高階主管養家糊口的打工心態，與創業者全部投入的心態完全不一樣。加班、出

差、應酬,這些對老闆來說司空見慣的事情,對職業經理人來說就是負擔。很多苦差事、難差事,你可以自己做,但不能要求別人做。沒有任何一個職業經理人願意像創業者一樣,把事情做到極致,把自己逼到極致。

對於激勵團隊的積極度,我想過很多辦法,但沒有一個方法是一勞永逸、放諸四海皆準的。

公司大到一定程度,就是要克服職業經理人的打工者心態。

「創業路上,我從來不相信中庸之道」

中國的創業者分為兩種類型:一種是技術驅動型,比如小米的雷軍,位元組跳動的張一鳴;另一種是行銷驅動型,比如分眾傳媒的江南春,蔚來汽車的李斌⋯⋯無所謂孰優孰劣,但一定要把自己的一技之長用到極致。

創業路上,我從來不相信中庸之道和什麼keepbalance(保持平衡)。創業成功的企業家,骨子裡都有很極端的東西。360的周鴻禕一年有200多天在外面飛,不常回家;蘋果的賈伯斯付出所有精力和時間,追求極致的工業美學產品。

成功都是換來的,差別在於你願意拿什麼去換。家庭幸福?身體健康?陪伴家人?安逸生活?很多人沒想清楚,自己願意犧牲什麼來換取什麼?每年雙十一電商節,我帶著團隊衝鋒陷陣,維護客服系統、改善點擊流程,隨時回應各種需求,熬夜是家常

便飯。3天內的交易額達到一、二億元,3年就做到同行頂尖。

「我一個賣車的去搞無人售車的研發,太超前、太燒錢」

業務發展得太快,我的野心也開始變大。我已經不能滿足於建立自我運行的全球供應鏈體系。我開始想把大數據應用到汽車銷售,研發「51-AI汽車銷售系統」,融合無人化試駕體驗與無人銷售場景,把人臉識別、表情捕捉等技術應用到「51ME」AI駕駛艙的改善升級中。10分鐘的試駕體驗,透過大數據分析,就可以評估消費者的購買意向,打造全新購車模式。

2018年,公司帳上有錢,我膽子也大,投入二、三千萬元的研發經費,獲得了70多項軟體著作權。我也曾拿著我們研發的無人售車產品原型在雷諾總部展示,他們都驚呆了,想像不到我們已經發展到這種地步,他們認為無人售車代表著汽車新零售的未來,因為人力成本太貴了。

雖然研發有多方面的進展,但不得不承認,我的野心一度太大,從汽車貿易,拓展到採購、物流、門市、科技研發,槓桿開得太高,團隊、資金都跟不上。我一個賣車的去搞無人售車的研發,做法太超前也太燒錢。

2019年,趕上國家環保新政,實施《輕型汽車污染物排放限值及測量方法(中國第六階段)》(以下簡稱「國六排放標

準」)。「51進口車」的交易額出現雪崩式下跌:由於國六排放標準是全球最嚴苛的標準,新車市場上能達到國六排放標準的進口車型並不多,首當其衝的,就是一些高端進口車型將退出中國市場,進口二手車的殘值也深受影響。

我曾經成為行業頂尖,視野開闊了許多。見過太多功成名就的企業家,有的從籍籍無名迅速成長為行業巨頭;也有的從人生巔峰轟然隕落。看多了,自己的心態也變得平和,儘量做到寵辱不驚。

「創業首先要想清楚,自己敢不敢為這個賭局承擔責任」

關於創業,與其說我有一些經驗可以分享,不如說我有一些教訓和忠告:一旦選擇創業,首先要想清楚,自己敢不敢為這個賭局承擔100%的責任?創業九死一生,在開始之前,有沒有想過最壞的可能?有沒有為那個最壞的可能做好準備,願不願意為那個最壞的可能負責?我從不覺得自己是企業家,我只是一個創業者。有時候投資人帶我參加一些飯局,結識真正的商界大佬和企業家。飯桌上他們聊的東西,我根本插不上嘴。只能等到飯局結束,湊上去發張名片。在他們面前,我永遠是小弟。

創業公司,投資人在A輪之前,主要看人;B輪開始,主要看業績、看資料。

在當前這樣的融資環境裡，如果想要拿到基金的投資，不簽對賭協議這種「不平等」條約，你能拿到一分錢嗎？與其糾結對賭不對賭，其實是要評估自己敢不敢去賭，並負責到底。一級市場的投資幾乎沒有流動性可言，別人為什麼要投你？別人的錢也不是從天上掉下來的。所以從投資人的立場來看，簽訂對賭協議也滿合理。

既然當初投資人選擇相信我，把錢投給我，如果對賭協議沒有兌現，與其跟投資人賴帳，不如把心思放在業務本身，專注把生意做好，多說其他的都沒用。哪怕投資人指著鼻子叫你「魯蛇」，你也要微微一笑，說一聲「感謝你當初選擇相信我」，然後繼續埋頭苦幹，這點精氣神還是要有的。

想要成功，就要找對方向；裝滿子彈，找對投資人，加足槓桿，然後就是「死撐！」對，就是死也要撐下去。

2019年，公司業務遇到瓶頸，但我沒有一天氣餒，也沒有一天停滯不前，一直在找出路，常常同時跟進十條業務線。目前，也多少找到方向，看到曙光。所以當創業遇到瓶頸時，我不建議像無頭蒼蠅一樣到處找人請教，期待人生導師指點迷津。因為你在那個處境裡，聽什麼都覺得是對的。要多反省自己，多學習——多看趨勢、多看政策，眼光放遠一點，在市場中找機會，否則會喪失信心，陷入自我懷疑的泥潭，無所作為。甚至要學習「我就是個魯蛇」，也依然奮進向前，擔當責任——我就是個魯蛇，還能怎樣呢？最終還不是要解決問題，衝出困境嗎？

「你願不願意為創業而瘋狂,做別人想都不敢想的事」

我一直在關注產業政策和行業前景,與業務上的關鍵環節保持動態互動。我認為碳中和、新能源是未來的國家戰略,國家在釋放強烈信號,預計5年之內,中國新能源汽車的比例將大大提升。到2025年,英國新能源汽車的比例將達到70%;到2030年,德國新能源汽車的比例將達到100%。

既然大部分的創業公司壽命都很短,九死一生,那麼選擇賽道的時候,不妨選前景更長的賽道,而新能源汽車就是我看到前景很長的一條賽道。中國的製造基礎、市場基礎和使用者人數,有望在這條新的賽道上從跟隨者變成引領者。我在其中的角色,也可以從進口商變成出口商。我已經開始朝這方面佈局和探索。我相信我們會在大跑道上走出一條小捷徑。

這就引出我的另一個創業心得:你願不願意為創業而瘋狂,做別人不敢想、不敢做的事。當別人都覺得你瘋了,你能不能依然保持初心,熱愛你的熱愛,執著你的執著;當無數人都說「不可能」的時候,你肯不肯為那一點點看不太清楚的可能,拚盡全力。

我記得看過一次TED公開演講,一位教授分享成功的關鍵要素,他只強調了堅持不懈(persistence)。

什麼叫厲害,就是「I don't give a damn.」(我根本不

在乎！）。

事實上，沒有一個公司能做絕對的甲方。傳統上，生意講究以和為貴，追求和氣生財，在乎人情口碑。所以，生意場上幾乎不允許個人英雄主義，你試圖保持謙卑，讓更多人喜歡你，比如投資人、客戶、合作夥伴……久而久之，這種氛圍潛移默化地影響著你在生意上的角色和本色。所以，依然能保持「I don't give a damn.」這種本色的人，該有多麼厲害！

「最終為決策買單的不是別人，而是你自己」

要想對自己的決定負責，就要出於自己的本能判斷。別人的意見不是全然不聽，但似乎確實沒什麼用，當然都是為你好，但你怎麼聽？有人說兔子不吃窩邊草，又有人說近水樓臺先得月。有人說先下手為強，又有人說謀定而後動。別人的意見似乎都是對的，這時候更要相信自己的直覺和本能。因為最終為決策買單、承擔後果的不是別人，而是你自己。

創業最初期，我非常在乎個人口碑，愛惜羽毛。但到了一定階段，發現不能把人情和生意混為一談。公司處於瓶頸期，面臨業務轉型，我逼不得已要把一些跟隨我多年但已不能勝任的同事裁掉。站在他們的立場，他們是對的；站在我的立場，我也是對的。艱難的決定遲早都要面對，生意場上，沒有永遠的朋友，只有永遠的利益。

「所謂狼性，其實就是人類最原始的本能」

多輪的融資經歷，讓我結識形形色色的投資人。投資圈的人都有很極端的一面。有個投資人很愛跟我分享他在非洲肯亞看動物大遷徙，一大批羚羊在河的左岸，河裡只看得見河馬在睡覺，鱷魚則深藏不露，貌似一派和平。岸邊羚羊越聚越多，年輕力壯的羚羊帶頭，奔跑向前，順利到達河的右岸；一批批羚羊緊跟在後。有的過了河，有的直接被鱷魚咬死在河裡。過河的羚羊一刻也不停歇一直向前，一波又一波、一年又一年。有的羚羊過了河，有的永遠過不了河。創業者就像領頭的羚羊──永遠在前，永遠向前。

所謂狼性，其實就是人類最原始的本能──求生欲、好勝心和荷爾蒙。狼性就是把人的本能激發出來。

創業提升了我的心態，但不是提升我的生活水準。其實創業以後，我幾乎沒有正常的生活。加班、外食，賺了錢也不會花在生活上，也不喜歡旅遊。腦中想的、眼睛看的，都是生意和工作。

有機會的話，我還是願意去拚。事業上的成就感比賺多少錢的滿足感大得多。

我有信心，拚到公司上市的那一天。

採訪手記

　　第一次見到李天琦是在上海的聚會上，一大桌的人各行各業都有，金融圈、法律圈、投資圈、媒體圈……但唯獨他是開公司當老闆的，他全程謙卑，向每個人敬酒，想把每個人招呼到、照顧好。於是我們互加了微信，訪談約在上海Found158，很酷的酒吧一條街。交流很坦誠，感覺李天琦很想在有限的時間裡，把創業路上該有的準備和防備都分享給讀者。他工作量很高，電子煙不離口，手臂上紋了一抹孩子紅撲撲的笑臉。因為長期忙事業無暇陪伴兒子，他就乾脆把兒子的照片紋在皮膚上，算是另一種身心陪伴。即便如此，他還是願意接受採訪，並希望我能不虛此行。他身上有種謙卑又孤勇的特質。他看了訪談初稿說很喜歡，只是覺得我把他寫得太「拽」了。我說你本來就很「拽」啊！創業者哪一個不「拽」，哪一個不是一意孤行？我就等著天琦上市的那一天了。

（李天琦口述訪談完稿時間：2021年夏）

結語

「老闆」不僅僅是一個頭銜、一種身份，它更是一種思維觀念、一套行為模式、一段淬煉的過程。沒有人天生就是老闆，老闆都是後天養成的。在這一章中，我們認識了4位創業者，身份、背景、性格、專業迥異，創業經歷也大相徑庭，有的在一個產業裡打滾深耕多年，有的經歷二次轉型，重新出發。在成為老闆的路上，他們經歷過至暗時刻，也曾在逆境中頓悟，真正理解「老闆」這兩個字的含義。

李雲橋曾為創業焦頭爛額，年紀輕輕就有了白髮。但辛辛苦苦接案子，最後一結算，等於白忙一場。在事業低谷時，他毅然決定放棄低價市場，只接高端客戶高標準、高技術的工程案。思維的轉變帶來了事業的轉機，但看似一下就能想通的道理，實際上橫亙著一個決心，以及他肯為這個決心付出的代價。可以說他的決心是被過去所吃過的苦餵大的，過去吃過的苦越多，他的決心越大。

唐龍念大學時，預見「畢業即失業」的命運後，就決定到社會上闖蕩，但在這個過程中，他也曾被騙過、被打過、被空頭支票耍過……社會幫他上的第一堂課，就是最底層的競爭存在著霸凌與殘酷。他選擇快速成長，以脫離底層的漩渦。所以在之後的職涯中，他一直保持著昂揚向上的態度，憑藉敏銳的商業直覺和堅韌的銷售能力，在有如鐵板的市場裡鑿開一道缺口，把生意做得有聲有色。

作為一名70後，唐龍身上有鮮明的理想主義色彩。靠著做儀錶銷售代理，他賺到了人生的第一桶金，但他不甘於做轉手買賣。經過市場調查，他一頭栽進工業儀器儀錶的自主研發道路上，也為此吃盡了苦頭。為了建立研發團隊，他跑遍全國「請教專家」，碰過無數釘子，也遇到很多「冒牌貨」，錢也打水漂。在將技術原型產品化的道路上，更是經歷了許多磨難，團隊也產生動搖。萬念俱灰的時刻，他連跳樓的想法都有，但夜深人靜時，唐龍讀書、練字，讓心靜下來。團隊中有人選擇離開，也有人選擇留下。大浪淘沙，留下來的成為志同道合的「夢幻隊伍」，大家一起努力，努力到公司實現技術和業務突破。

Anna的成長路線很典型——「好學生+好職員+好老闆」。食品貿易行業受新冠疫情、匯率波動的影響，近幾年的發展幾乎像坐在雲霄飛車上跌宕起伏。幸好長期在產業的第一線奮鬥，Anna練就了敏銳的市場嗅覺和果斷的決策能力，在業務上運籌

帷幄。但即便如此,她也曾在春風得意之時,遭遇一起打拚的公司元老們紛紛離職。眾叛親離的處境,讓她陷入挫敗自責的情緒中,甚至一度心灰意冷,想把公司一關了之。

這段苦澀的經歷,促使她「開始非常認真地考慮團隊的問題——如何培養一支有戰鬥力、有凝聚力,能和我肩並肩走到底的團隊」。她花了三年不斷摸索建立公司的激勵機制,讓員工能像老闆一樣思考。分潤標準怎麼制定更合理?是按毛利還是按業務量?薪酬和股權該如何分配,才能實現短期利益和長期目標的一致性?沒有現成可參考的答案,她只能懷著極大的誠意,不斷嘗試、不斷改善。直到現在,「如何讓員工成為公司的主人」依然是她最重要的功課。

李天琦的經歷是「選擇比努力更重要」最鮮活的代表。創業早期,一個2015年才正式上線的專案,到2018年就實現了10億的交易額。

200萬元的創業資金所成立的公司,在短短幾年裡,估值就達到10億。只要方向選對、賽道選對、時機選對,不成功都難!但在2018年,他投入五、六百萬,嘗試運用大數據和人工智慧,研發AI汽車銷售系統,「一個賣車的去搞無人售車的研發,太超前也太燒錢」,加上國家政策環境驟變,公司交易額、現金流雪崩式下跌。

經歷過高峰與低谷,心態反而平和了。「哪怕投資人指著鼻

子叫你魯蛇,你也要微笑說一聲『感謝你當初選擇相信我』,然後繼續埋頭苦幹。」比起創業所要承擔的責任,面子和驕傲都不那麼重要了。即便是在遭遇創業的灰暗期,李天琦還是會排除各種干擾和噪音,掙脫自我懷疑的泥潭,不糾結一時的成敗得失,潛心研究產業政策和前景,與業務供應鏈上的關鍵環節保持密切互動,捕捉二次騰飛的契機。

創業是當無數人都說「不可能」的時候,你卻敢拚盡全力,為這個「賭局」承擔100%的責任。因為你在別人沒看到的時候看見了可能,在別人沒看清的時候看清了機會。而當老闆對李天琦來說,就是把自己放得很低,把事業放得很高。

這4位創業者的故事,是他們成為老闆的掙扎之路、淬煉之路、蛻變之路。作為一個傾聽者和記錄者,我感受最深的就是,想要成為老闆,逃不開以下幾條靈魂拷問:

你創業的決心有多大、目標有多高?會直接影響你在成為老闆的路上願意付出的代價有多大。你要堅持什麼、放棄什麼?取捨的尺度來自你起點與目標之間的距離。捫心自問:「你的能力和野心之間的鴻溝,要用什麼來填補?」

劃清你的能力界線,有所為也有所不為,「好鋼用在刀刃上」意味著你要時時判斷當前的主要問題是什麼?你的精力用在什麼地方對公司的利益最大。

擺正自己與他人的關係、與團隊的關係、與公司的關係。欲

戴皇冠，必承其重。老闆的名號易得，但老闆的位子不好坐。人們常說，老闆的認知常常是一個公司的天花板。成為老闆，就要隨時提醒自己，勇於衝破天花板，不斷提高自己的認知，也樂於吸引、接納比自己更厲害的人共創偉業。

沒當過老闆的人，會對老闆有過分天真的想像：眾星捧月般的光環，一呼百應的豪邁，說一不二的氣度，眾人皆醉我獨醒的驕傲⋯⋯但經過社會的錘打和市場的洗禮，那些真正成為老闆的人，他們對市場的敬畏會高於對自我的迷戀，成就團隊的心會大於成就自己的心。與其忙著證明自己的精明能幹，他們更願意去審視自己的不足，突破認知侷限和思維極限，相信人外有人，天外有天。

「待到山花爛漫時，她在叢中笑。」這恐怕是成為老闆的最佳境界。

> 「道」解決戰略問題，
> 「術」解決戰術問題。

20

創業的「道」與「術」

第三章

王正波

1988 年生屬龍

- 雙魚座
- 江蘇盱眙人

心臟變大顆後,就停不下來

從事行業:白牌車代理

年銷售額:數千萬元

創業時間:8 年

創業資金:300 萬元

「礦山搬石頭，存了30萬元，18歲買了一輛砂石車」

我小時候，爸媽去蘇州打工，我跟外婆一起住，上面還有個曾祖父，他對我最好。那時他已經80歲了，跟我差了70歲。一個老人家能有什麼錢，都是平時兒女們孝敬他的一點零用錢，他很捨得為我花錢。那時家裡窮，但我還是能感到幸福，因為有人疼。

我不會念書，曾留級一次，15歲讀到小學六年級，後來就不讀了。爸爸說：「你不讀書能做什麼？」我就說我跟他去搬石頭。他那時在蘇州礦山裡面搬石頭，他以為我搬幾次石頭，嘗到苦頭就不搬了，會回去讀書，但我搬了兩年多。

早上4點起來，天還沒亮，一直工作到晚上7、8點。晚上睡在工人宿舍，一個房間睡很多人。累不累？就那樣吧，反正總比上學好。炸藥一炸，山上石頭滾下來，有大有小，徒手搬到拖車上，搬滿一車再運到廠裡，按車算錢。一個月能賺個1、2萬吧，賺了錢就交給爸爸。

工作完就埋頭睡覺。我沒有什麼愛好，從來沒打過遊戲，也不會玩。除了搬石頭就是睡覺，睡醒了再去搬石頭。做到18歲，存了30萬元，買了一輛砂石車，繼續搬石頭。

後來礦山坍塌，砸死了人。礦山關掉，我沒事情做，就去餐廳當服務生，做了幾天覺得這樣下去不行，我和廚師都住在老闆

租的房子裡，我每天主動幫廚師洗衣服，他教我做菜。學了一年多，我在馬路邊擺攤，存了點錢後，在蘇州相城區租下了200平方公尺的店面開餐廳。開店一年虧了不少，把米錢、油錢結完之後就剩沒多少錢。後來姨丈介紹我到昆山利星行上班，我只上了10個月就離職了。

「做金融仲介賺了400萬，投資木材廠，賠光歸零」

有一次去廈門，感覺那個城市很好，就在市場裡租了一個差不多桌子這麼大的攤位，賣老北京布鞋。去廈門旅遊的人很多都穿高跟鞋過去，遊鼓浪嶼、逛中山步行街，走沒多久腳就痛得受不了。老北京布鞋我進貨便宜，賣得也便宜，40幾元進貨，80幾元賣出去。很多從上海過去的遊客一買就是5雙、10雙。我在廈門工作一年半，賺了點錢。

到了2012年，我要成家，就回到蘇州昆山，轉做金融業。怎麼做？我認識一些辦信用卡的客戶經理，就研究各種銀行理財和信貸政策。我在電線桿上貼貼小廣告，從其他管道再拿到一些電話號碼，每天打，一天打一、兩百通，心想總有機會嘛。然後就瞭解客戶資格和資金需求，適合去哪家銀行貸款──我負責資金匹配，從中收傭金。兩年後差不多賺了400萬，然後就買房買車。

2015年，銀行信貸萎縮，客戶數量也減少，繼續做下去不

是長久之計。我有一個親戚在昆山做托盤、砧板的生意，工廠開得很大，我就去蘇北開木材廠，供應半成品原料給他。但我沒控管好收購的木材品質，開出來的楊樹木材板子上面有洞，只好報廢。

我在老家跟人合夥買了一片樹林，這片樹林是當時盱眙縣最大的拆遷樹林，買下來總共花費1000萬，4個人合夥，兩個人出技術，我跟另外一個人出錢，但只有我一個人在收購合約上簽名。那時候我最小，跟他們有點血緣關係，按輩分要叫他們叔叔，很信任他們。結果整個案子做下來虧了240萬，如果按股份平攤虧損，應該是一人虧60萬。但因為只有我一個人簽字，虧掉的錢全部算在我頭上。我帶去的400萬在這上面虧光光，但沒辦法，自己做的事情就得承擔後果。既成事實，後悔也沒有用。

「跑了3天白牌車，發現大商機，半年淨賺1200萬」

2016年，我的現金虧完後，還剩一間房子和一輛車。我又在蘇州開了家龍蝦店，夏天是旺季，也能賺到一點錢。過了旺季沒事情做我就開車賺外快，打算等明年旺季繼續做龍蝦店的生意。

歪打正著，那時候的平台補貼還滿多的，我跑3天賺了8000元，但我不打算繼續跑。我看到這裡面有巨大的商機，當時蘇州一張正規計程車的營運牌照值480萬，但是開白牌車只需要花費

4千多塊就能辦好手續上路載客。未來白牌車肯定會大量取代計程車──那我做白牌車司機的生意好了。我從代理商批發汽車，辦好車輛營運證件賣給司機。司機從銷售門市買車和從我這裡買車，零售價格是一樣的，但我這邊車輛的營運證照和保險都是現成的，那肯定願意從我這裡買。一開始，我覺得自己沒做過，不懂裡面具體的門道，就跟一個已經入行的合作夥伴一起做，他當時在蘇州做得還可以。我從他那裡批發汽車，他承諾搞定白牌車資格，我把車掛在他的平台上，一起經營。但沒過多久，蘇州推行新規定：白牌車的裸車價和最終售價不得低於48萬元。

他批發給我的車，價格都不到48萬。這導致那些車剛營運三、五個月就被迫全部下線，否則被抓到的話就要罰款。當時我從他那裡買了10幾輛車，只能折價賣掉，一輛車就虧損至少兩、三萬。他承諾搞定白牌車資格，但他搞不定，天天不見人影，四處躲避追債。我被擺了一道，但也沒法追究，只能怪我自己不夠謹慎，這個坑害我虧了4、50萬。

2016年新規定推出，蘇州白牌車正式合法化。2017年4月我開始自己做，就按照政府規定，按部就班辦理證照手續、批發車子，然後再賣掉賺差價，一輛車的利潤差不多8萬。我正好趕上熱潮，最多的時候1天可以賣掉9輛車。公司裡4、5個人，半年賣掉了100多輛車。到了2017年12月，我淨賺1200萬。

「從輕資產轉向重資產，貸款1千2百萬之後疫情來了」

我又開始思考：白牌車的營運牌照不會無限量發放。如果哪天停止發放，這牌照就值錢了。果然，後來南京、廈門都停掉了，哈爾濱、上海也停掉了。在停掉的城市，牌照變得稀缺，這裡面有巨大的利差。蘇州也有可能停掉，是遲早的事情。於是，我開始轉向重資產[1]：改賣轉租。因為證照和車子是一起出售的，這種買賣只能做一次。但如果車子在我名下，牌照就一直是我的，哪怕車子報廢牌照還在，還能換輛新車繼續出租。

一開始我買下4輛車，像滾雪球一樣，越滾越多、越滾越大，到2019年底，不到兩年的時間，4輛車變成400輛車，相當於5000萬的資產。團隊最多的時候有30個人，負責銷售、管理經營、申請資格和保險……我還開了間修車廠，自己的車和外面的車都可以修。2千萬資產裡有1千2百萬是貸款。

然後，疫情來了。

註1：重資產是指企業所持有的有形資產，例如廠房和原料。而與之相對的輕資產又稱輕資產營運模式，是指企業緊緊掌握自己的核心業務，而將非核心業務外包出去。

「每天一睜眼欠銀行12萬元，我撐了下來」

400輛車，我賣掉一半。我必須賣，因為每個月要還360多萬的貸款，封城期間車又租不出去。一進一出的話，每個月有720萬的虧空。

每天一睜眼就欠銀行12萬元。每天無精打采，坐在陽臺上一、兩個小時不動。但我從沒想過要打退堂鼓，只能硬撐，不然前功盡棄，什麼都沒有了，一夜回到過去，甚至還多了負債。所以，拚了命也要硬撐：

1. 跟金融公司協商，申請延期還款。

2. 免收司機的租金。穩住司機隊伍，保持正常營運，從平台獲得一些分潤和分帳。

3. 抵押老婆名下的房子，從銀行貸出1600萬。抵押姨丈唯一的房子，貸出760萬。

200輛車陸續賣掉，修車廠關掉，拿回一些資金⋯⋯後來公司撐了下來。跟我同一批的沒剩下幾家，10家倒掉8家吧。尤其是做輕資產的，賣車賺價差的那些公司，銷售人員多，車子賣不掉就沒有活路了。

2022年4月，疫情又來了一波，公司業務停擺，但我每天要還貸款，怎麼辦？

我拜託蘇州城區的朋友借我一輛車，我開車從鹽城東台蔬菜基地弄回來一車大白菜，聯繫司機接應，一車分裝1000斤，運到

社區團購的團長那裡，團長再分銷掉。

我每天蹲守在高速公路路口，不回家也不怎麼睡覺，唯一的想法就是賺錢還貸款。

那時候，我每天進一車菜，賣掉還債。

我花了2、3萬元，找人用3天的時間做了個應用程式，大家就可以在上面下單，外送員在上面接單，把蔬菜、水果送過去，我們發展了80多個社區的團長，每天的銷量有十幾萬，這個應用程式現在已經停掉沒再用了，算是特殊時期的特殊產物吧。

有次我去福建雲霄——枇杷之鄉，把一貨車的枇杷載到上海。在上海高速公路入口拜託一位每日生鮮（現在也倒閉了）的司機，幫我把貨帶進上海，送進倉儲車。倉儲車是我在網路上預先租的，一天付6000元，裡面有空調，枇杷不會壞掉。然後我聯繫到上海的水果店和外送員，一車枇杷4天賣完。我人在上海城外，全靠手機線上運作，一車24萬元進貨的枇杷，40萬元賣掉，賺了16萬。

「面對變化靈活應對，是我的生存之道」

最難熬的時候過去了。

現在我有180輛車，其中4、50輛的貸款還清了。每個月收租金和平台分帳，扣掉車貸後還有剩40到80萬，到2024年6月，就徹底熬出頭了。現在團隊裡還剩下4個人，一個負責平台事務，

一個負責處理車輛保險、事故,我負責收租金,另外一個人機動調度。

別人都倒閉了,我還能生存下來,主要是面對大環境變化時,我們比較靈活,點子多、反應快。比如車子租不出去,別家還堅持收20,000元的押金。有些公司把這個行業的名聲做爛了,司機如果想退租,公司不退押金,還會亂扣錢,很多司機不敢租車,怕被當肥羊宰一刀。

我第一個降押金,只收司機4000元押金。我又不靠押金賺錢,留下4000元押金,能支付交通違章罰款就夠了。另外就是把起租期縮短到7天。如果司機開了7天車,發現不適合做這行想退租,那我們直接退押金,也沒有違約金。這樣一來,180輛車子很快都租出去了。之前最多的時候我們會有三、四十輛車空置停運,現在最多只有三、五輛車停運,有的時候司機還要排隊等車空出來,營運效率非常高,同行的空置率基本都有20%。

「測試新模式,目標對手是Lalamove」

我每天到公司的第一件事情是看報表,看昨天跑了多少單,有多少司機上線。訂單是平台指派的,我們決定不了,主要注意的是司機上線率。如果每天正常應該平均有500人上線,今天突然掉到400或者450,就要找到原因、解決問題。

公司主要業務穩定後,我認為還要繼續開發新業

務、摸索新模式。我在嘗試做皮卡物流，目標對手是Lalamove（24小時即時貨運平台）

Lalamove的燃油車居多，油耗很兇。我們用的是純電皮卡，續航500公里。更重要的是，皮卡有很大的後車廂可以載貨；前面有五個座位，比轎車座位寬敞，可以載人。比如，有一筆貨物要運到合肥，那麼我可以在共享併車平台上面找乘客，既載貨又載人；回來的時候，再把當地一些農產品、地方特產載回來。柳丁在水果店賣48元一斤，產地收購價只要幾塊錢，相差十幾倍。

為了測試這個模式，我買了3輛皮卡，加上保險費差不多花了240萬。然後找一些貨源，從昆山運出去的貨只要確保電費和過路費就可以了。比方說從昆山運貨到合肥，Lalamove的單價是8元一公里，加上高速公路過路費，每公里總共要花費10元，但我每公里只要6元。成本上，每公里可以省4元。我的第一輛皮卡車已經測試40天，給司機月租32000元，兩年多就能回本，司機自己的收入也有所增長。

我每天都在思考營運模式，這個產業的現狀如何、我的模式有沒有優勢，如何降低營運成本，如何讓各方都能得到實惠、各環節有沒有改善空間、整合在一起能不能形成獨佔。想清楚後就測試一下，看看效果。目前看來，這個模式是可行的，我計畫未來把我的白牌車司機都轉化成皮卡司機。

現在的白牌車市場已經飽和，輕資產做價差生意的，車都賣不出去了。司機跑白牌車，一天賺2000元都需要很長時間，扣掉

租車、充電和吃飯的費用,一個月可能連24000元都不一定能賺到。如果換成皮卡物流,一來一回,又能載貨又能載客,還能帶回農產品,司機可以多出好幾份收入。等規模做起來後,就能形成新的食材供應鏈,相當於「食材+物流」的平台。我打算做成「山姆模式」,也就是會員制,會員花錢買年卡,可以在平台上享受很便宜的蔬菜和水果價格。

這個計畫很大,我已經開始做了,只能算還在半山腰上,前面還有很多進步的空間。

「過去的順利、過去的磨難,讓心臟越來越大顆」

我父親的兄弟姐妹有7個,我家是最窮的。我總是想做得更好一點,讓父母有面子。不認命、不服輸,是我最早的奮鬥動力。

我這些年的經歷,換作是別人可能早就跳樓了,但我撐過來了,因為沒有退路可走。所有經歷過的事情,都是對未來很好的墊腳石。吃過的虧、踩過的坑,可能會保佑我以後少走很多冤枉路。過去的順利、過去的磨難,讓心臟越來越大顆。我總覺得就算天塌下來,還有其他的東西幫我擋著,所以我還想再往前闖一闖、衝一衝。反正本來就是光腳的,大不了從頭再來。

55歲之前我為責任而活,為家族和父母爭光,為兒女打下基業。55歲以後,我考慮為自己而活,我想走遍每個城鎮,瞭解更

多地方，尋找更好的食材，又可以玩又可以賺錢。我覺得想在哪裡賺錢，就要熟悉那個地方。比如剛來昆山時，如果想賺錢，就要熟悉昆山每個鄉鎮街道，知道這裡有什麼東西，缺什麼東西。如果想賺大錢，就要瞭解自己的國家；想賺更多的錢，就要瞭解世界。心太大了，就停不下來。

探訪手記

2023年倏忽而過，2022年更離我們遠去。我一直在尋找，或者說在等候，希望能遇到疫情巨浪後的創業倖存者，可以近距離觀察他們在時代的衝撞面前，是如何反應、如何思考的。我想感受他們的感受，經歷他們的經歷，進而對那段歷史有跳脫個人窗房的記憶和覺察。

王正波的採訪是意外，但卻超乎預期。他的講述精練平和，幾乎沒有形容詞，也幾乎不帶情緒，但讓聽的人身臨其境。我好像看了一場美國小說改編的電影，劇情是一位不服輸、不認命的年輕人，與時代的驚濤駭浪貼身肉搏。

我嘗試原汁原味記錄下他的講述，在事實面前，精雕細琢的語言都顯得無力和矯情。我很慶幸能碰到這位創業倖存者，記錄他的故事。

（王正波口述訪談完稿時間：2023年秋）

王中江

1975 年生屬兔

- 摩羯座
- 浙江江山人

「人生就像滾雪球……」

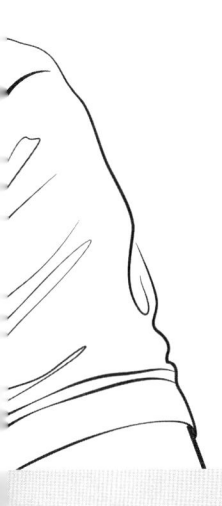

從事行業：投資管理、資產配置
年銷售額：數千萬元
創業時間：17 年
創業資金：20 萬元

我在一個浙西小城的鄉下長大，頂多算是個小鎮青年。家裡也沒什麼人是拿固定薪水的，加上浙江人骨子裡的創業文化，我心目中從來沒有「鐵飯碗」這種概念，找個地方上班，等別人發薪水？這種事是不存在的，一切都要靠自己。

「我相信Nothing is impossible」

記憶中，我好像從沒有想過長大要做什麼，唯一幸運的就是一直很會讀書，無意中搭上了讀書改變命運的列車。

高中畢業後因為成績一直不錯，我很幸運保送進浙江大學電腦系。當年有四大科系最熱門：資訊、通信、金融、外貿，全是目前發展得很好的科系。身為一個小鎮青年，我考慮的是要有一技之長，畢業後好找工作，於是就選了資訊。到了大二，發覺電腦不是我的菜，但也不知道真正的興趣在哪裡。我讀了很多歷史文化類的書，也參加很多社團，比如雜誌社和學生會。我從來不怕新鮮事物，腦中沒有框架限制，這點可能和家庭遺傳有關，天生樂觀，相信nothing is impossible（沒什麼是不可能的）。

說實話，我大學四年似乎沒有什麼收穫，雖然讀的是資訊科系，但其實沒有真正理解電腦和網路，也沒有在這個領域發展的長遠打算。畢業時，剛好上海貝爾做行動通信的子公司來學校招聘，我入選了。當年我們科系一流的學生都去考研究所或出國留學，我只能算二流吧，一流的走了，二流的留下來，機會就輪到

我了。有時回頭一想，人生就像滾雪球，滾到哪裡算哪裡。

「把投機生意當成20年的生意去做，會把自己『搞死』」

我入職工程部，負責做專案，經常需要到外地出差，有高額補助，一天的補助將近600元。一個月加上薪水差不多能拿到快8萬元，在那個時候，這樣的待遇算是很優渥了。按照那時的房價，一個月薪水就可以買好幾平方公尺。但參加培訓後分發部門時，公司說財務部要找個懂電腦的，負責資訊系統，我毫不猶豫就選擇去財務部，負責企業管理系統開發與運作維護。財務部的收入比不上工程部，印象中一開始一個月大概有2萬元，我覺得也沒什麼，一起來上海的同學繼續做專案，而我天天上班拿死薪水。

後來我讀MBA時看了一本書叫《職業錨》。給你幾個機會選擇的時候，你不管有意無意都會選的行業和工作，就是你的興趣所在，也就是你的職業錨。從這個角度來說，我可能真的和技術沒有太多緣分。

在貝爾工作的幾年都平平淡淡的，一家為我們服務的諮詢公司說有間客戶要徵人，問我要不要去試一下，這是一家在納斯達克上市的以色列公司叫諾爾，想要找個亞太地區資訊系統的負責人。諾爾是做噴繪機的，當年的噴繪機簡直是「印鈔機」，利潤

很高。當時我主要在財務部負責IT，既然做資訊系統，就覺得還是應該去IT部門，於是我去了諾爾。由於我的直屬主管在以色列，因此我也認識了很多猶太人，大家相處得很愉快，沒想到多年後我會在美國和猶太人做生意，這是之後的事了。

在諾爾做了差不多3年，雖然身處IT部門，但整體而言我覺得自己對公司的發展作用不是很大，潛意識中還是希望去到能發揮更大作用、承擔更重要工作的地方。SARS爆發時，我剛好在香港工作，買了張機票就飛回來，也順勢離開這家公司。

從諾爾離職後，我沒有急著找工作。有一次與高中室友聚會，大家都有點創業想法，結果一拍即合。3個人，每人拿出大概20萬元成立公司，做軟體業務。那時手機簡訊很熱門，拿到資訊產業部的SP[1]牌照後，就可以透過行動服務商向使用者發送簡訊賺取服務費和訂閱費。我擔任公司的法人和總經理，在朋友的幫助下順利進入這個產業。

剛開始時，我們提供各式各樣的掌上型閱讀內容產品，很快就瞭解市場喜好：每日開心、天天猜謎、段子笑話，別看這些簡訊產品格調不高，但訂閱量很高，一則幾塊錢，城市底層用戶是最大的訂閱族群。公司也就七、八個人，一年有幾百萬的進帳。

多年後回頭看才明白，生意有不同，有些生意講究機緣，希望週期短、投資小、見效快，做這種生意，創業者書讀得越多反

註1：SP證是第二類增值電信業務經營許可證的簡稱。

而越有牽絆。SP業務就是投機生意，黃金期也就幾年光景，但我們卻妄想把它做成百年老店，追求品牌、品質、真功夫什麼的，打法就不一樣、不適合。很多人都沒想清楚這個道理，「死」在這個上面。把一個兩、三年的投機生意當成20年的長期生意去做，會把自己「搞死」。

「從服務農民工人到白領，再到城市有產階級」

從統計資料看，SP業務[2]主要賺的是城市流動人口的錢。2005年我們開始拓展行業合作的業務，為婚姻仲介行業及理財行業提供技術支援。

其中有個簡訊紅娘業務，與上海幾十家婚友社合作，我才發現原來社會上有這麼多人找不到對象，於是我們就投資做了婚戀交友網站。當時想得很美好，除了賺底層用戶的錢，還可以去賺白領的錢。但一做起來，發現根本不是那麼回事。一個產業裡面龍蛇混雜，人性沒辦法用技術區分。2007年底，砸進去720萬以後，我把網站轉手賣掉。

網路業務結束後，我休息了一段時間，也藉這個機會和家人去歐洲玩了快一個月。回來之後，接受原來簡訊業務合作夥伴的

註2：SP業務是指建立與行動網路直接連結的服務平台，為行動網增值電信業務的業務專項經營者，提供連接行動網路的服務，定位服務等各種增值服務的業務。

邀請，加入《理財周刊》旗下的理財網。一方面，雙方近幾年合作下來較能互相信任，另一方面是我覺得投資理財賺的是有錢人的錢，只要客戶有錢，就可以一直做下去。

理財網原本的商業模式是做網路資訊服務，主要業務是廣告。從2008年開始，公司就在考慮嘗試新業務，從賣廣告擴展到幫客戶配置理財產品。由於《理財周刊》和理財網的品牌信譽以及多年客戶的累積，業務開展非常順利。

2010年考慮到業務風險，《理財周刊》把協力廠商的理財業務獨立出來，成立極元投資，專注於協力廠商的理財服務，我和一部分同事就來到新公司。趕上財富管理行業的發展初期，前幾年做得很順利，最好的時候，一年能代銷十幾億的理財產品。當然，與其他同行不同的是，我們堅持只做正規金融機構的產品，所以在後面的行業大震盪中，我們存活了下來。

「投資做得好，脫貧轉富；投資做不好，怎麼做都是『死』」

幾年下來，我們逐步發現第三方理財業務其實很被動：好的金融產品不需要推薦，不好賣的產品不敢推薦，業務發展的主動權不在自己手裡。這麼多年的實踐也讓我們明白，在投資理財領域，投資做得好，成功脫貧；投資做不好，怎麼做都是「死」。核心是合規與投資，而不是人員與規模。

憑藉產業搭上趨勢發展的浪潮，我們完成三輪融資，並開始擴張，整體上是希望擺脫被動的代銷角色。公司在幾個方面佈局：拿到牌照，把內地的私募牌照、香港的保險／證券／外匯兌換牌照、開曼的基金管理牌照都拿下來；跨足金融科技，提供資產證券化服務，並專門做一家三板掛牌公司；進軍海外投資，在美國收購很多長租公寓項目，唯獨沒有做P2P[3]。

其實當年P2P的鼻祖，即美國LendingClub的創始人來中國創業時我就接觸過，因此我多少有些瞭解。美國P2P的資金供應端是機構為主，借貸端是個人；但在中國邏輯就變了，資金端和資產端都是個人，這個風險就變得不可控。我心想，平時朋友找我借錢都還不出來，怎麼可能他在網路上填幾個表格就還得出來？

當然，如果事後諸葛，P2P在當時很新穎，在很多人眼中是一場革命，對傳統金融的革命，它吹響了革命的號角。很多人都很興奮紛紛跳進來，也許他們並不是一開始就想騙錢，而是想透過P2P抓住逆襲的機會。結果潮水退去，慘不忍睹。

....

註 3：P2P 是英文 peer to peer lending（或 peer-to-peer）的縮寫，即點對點網路借款，是一種民間小額借貸模式，會將小額資金聚集起來借貸給有資金需求的族群。

「我的覺悟時刻，是放棄預測價格」

市場冷卻，我們也開始反思公司的發展方向，如何從全面出擊回到專業化的道路。如果是財富管理公司，就會靠銷售傭金賺錢。比如客戶買了1000萬元的金融產品，你只有收一點傭金，當客戶虧錢，就會一直追問你，但你並不是投資產品管理人，除了告訴客戶如何維護自身權益，根本沒有其他辦法；何況很多時候，銷售人員難免會推薦傭金高的產品給客戶。如果是資產管理公司，那就靠業績表現賺錢，但誰能保證穩賺不賠呢？

我們需要在當前的金融環境中，找到適合自己的定位，為公司找出一條可以長期發展的活路。以前考慮靠牌照過舒服日子，但其本質是特許經營，紅利期已經過去了。亞馬遜創始人傑夫．貝佐斯的一句話對我影響很深：「要把戰略建立在不變的業務基礎上。」我覺得要想在這個產業做成百年老店，光靠牌照是不夠的，需要「賽道，牌照、人才」三合一，做長期確定性的生意。

投資是一件很簡單但不容易的事情。多少老股民天天看盤，但是賺錢了嗎？沒有。歷史經驗告訴我們，資本市場是二階混沌的市場，市場走勢很難預測，連續預測正確的機率很低，透過預測市場來挑選時機，實際上是不斷降低投資獲勝的機率。我的覺悟時刻，是放棄預測價格，我不再賺漲跌的錢，不是不想賺而是賺不到。市場波動是無法控制的，但完全可以追求資產配置的長期確定收益。

「最好的生意就是收租金」

2020年元旦,我到井岡山參加一場研討會,內容結合近幾年的全民金融歷程,很受啟發。當年的P2P就是想取代傳統金融,恨不得在每個地方建立「根據地」,這是零和博弈。我們其實需要思考,如何在現有金融體系內做出增量的東西。

最好的生意就是收租金,國家就是透過徵稅獲得財政收入。結合我們多年來投資美國長租公寓的實際經驗,我們嘗試讓公司專注於做資產配置,為客戶尋找類租金收入的底層資產,進行組合配置。

有資產的人不一定有錢,能有持續現金流的人才是真正有錢。我們投資的資產選擇遵循三大原則:第一,底層資產永遠不會消失;第二,它可以產生持續穩定的現金流,每年都能收到不菲的租金;第三,隨著通貨膨脹,資產價格會越來越高,而且可以隨時變現。

「牛市輪流轉,租金日不落」

根據我們的邏輯,入選我們配置組合的都是有類租金收益的資產,主要有三種:

1. 房地產:從2014年開始,我們與一間猶太家族辦公室合作,投資5000多套美國長租公寓。跟辦公大樓和工業物流地產相

比,長租公寓是租金波動幅度最小、抗週期性最強的商業地產。即便是在2001和2008年的兩次經濟危機期間,長租公寓的表現也堪稱優異,租金跌幅最小,反彈速度最快,上漲持續時間最長。對照一下,這類美元資產完全符合上面的三大原則:它看得見摸得著,不會憑空消失;平時有穩定的租金收入,而且可以隨時賣出變現;長期持有能夠對抗通脹,享有房產增值的收益。

2.股市:增值型指數產品。增值指數策略是一個純多頭[4]的策略。所謂指數增值,其實就是要讓你的投資比指數這匹「馬」漲得多又跌得少,其本質是獲得超過系統$β$[5]之外的超額收益$α$[6]。如果從證券投資的角度看,無非是一種策略,但如果從房地產的角度看,做增值型指數產品就是當股市裡面的房東。

我們負責設計和銷售,生產外包給券商。為什麼大家買房子不怕跌,但是一炒股票就怕跌呢?因為你買房子不會天天買賣,還能天天收租,你相信只要長期持有,房子就會升值。那為什麼炒股票就不能有同樣的心態呢?為什麼就不能做股市裡的房東呢?

3.數位資產:數位資產是全新的資產類別,也是我們看好

註4:在股市裡,「多頭」指投資者預計股價將會上漲,於是趁低價時買進股票,待股票上漲至某一價位時再賣出,以獲取差額收益。

註5:$β$,表現的是一檔股票或基金相對於市場基準價格變化的敏感度。$β$值越高,價格波動的範圍就越大,可以被近似認為投資風險更高。

註6:$α$,衡量的是投資組合或基金超過某個基準的投資回報。$α$值越大,說明超額收益越高。

的。我們長期持有比特幣，而且每年透過Staking[7]獲取「幣生幣」的利息收益。

從傳統金融視角去理解數位貨幣並不容易。2008年的經濟危機催化出比特幣。它是以分散式方法支援匿名使用的電子現金，獲得和流通方式不受任何個人和組織支配，完全是去中心化的非主權貨幣。川普的社群媒體帳號遭封鎖，美國散戶對抗華爾街而遭中斷網路服務，這些看似不相干的事情，其實讓更多人意識到去中心化的必要性。隨著人們對比特幣的認知和共識越來越強，它的價值會越來越高。

「認清自己的能力極限是一種解放」

查理‧蒙格曾說：「我們能成功，不是因為我們善於解決難題，而是因為我們善於遠離難題。」

我們只是在能力範圍內儘量找簡單的事做。

大部分相信自己能戰勝市場和預測漲跌的人，都被這個市場消滅光了，能長期活下來且活得好的人，都是清楚認識自己的能力極限，知道自己幾斤幾兩的人。我們的策略聽起來很簡單，但長期堅持不容易。簡單的事其實都不容易，因為大部分人不信，

註7：一種持幣生息的商業模式，即代幣持有者透過質押、投票、委託和鎖定代幣等行為獲取區塊獎勵及分紅等收益。說得淺白一點，就是一種持幣者「以幣生幣」的投資方式，類似於銀行的儲蓄生息。

也不願意長期堅持。

「為什麼賺錢，賺的是什麼錢，還能不能繼續賺錢」，一個好的投資策略或管理人，必須能夠清楚回答這幾個問題，如果三分鐘講不清楚，基本上就沒戲唱了。

2021年1月8日，我發了一則動態：一個新的時代已經在不經意中到來，只是很多人還沒有發現。

從某種角度看，與巴菲特相比，我更樂見馬斯克成為全球首富。巴菲特在市場中玩的還是「搶蛋糕」的零和博弈，是存量；馬斯克則是創新創造，他在「做蛋糕」，是增量。

市場上有三種人：投機者──不看基本面，追漲殺跌；投資者──看基本面，透過捕捉價值和價格之間的差異來賺錢；最後是配置者──一旦買入就不再賣出。我想當最後一種。

判斷一筆投資好不好有個標準，就是你晚上睡不睡得著。如果天天看行情和漲跌，不是太閒就是太慌。認清自己的能力極限是一種解放，同時我也體驗到其中的快樂。

以後我們會繼續去研究新的收租業務，讓公司的投資研究體系和產品體系更臻完善。管好自己的錢，管好公司的錢，管好客戶的錢，享受愉悅人生，足矣。

採訪手記

這次的採訪我像撿到了寶物一般,一回來就跟朋友說:「三個小時的談話,我感覺價值有八位數。」希望這篇文章能承載當時談話的含金量,新的時代悄然來臨,很多人毫無察覺。我很幸運能採訪到先知先覺的人,他把多年的投資心得全盤托出。

每一個創業者都在全心全意地深耕一片領域,他們的故事其實是在引領我們打開認知邊界,突破思維局限。還是那句話:「我們對這個世界理解多少,才能獲得多少。」

(王中江口述實錄完稿時間:2023年秋)

曾進

1977 年生屬蛇

- 水瓶座
- 四川人

「創業,是我對生活下的賭注

從事行業:K12教育

年銷售額:千百萬元

創業時間:5年

創業資金:數百萬元(天使投資)

「波娃告訴我,『過好一生』是什麼樣子」

我在四川東部的縣城長大,從小到大都是貪婪的閱讀者。父母忙著工作,我瘋狂啃各種書。三年級看瓊瑤,四年級看《水滸傳》、金庸、古龍,五年級看三毛;國高中看周國平、佛洛伊德、馬斯洛、尼采和《飄》。

考大學填志願時,我「失誤」了。我的成績在全縣的文組排名第三,分數可以上更好的名校,但被東北師範大學提前錄取了。

大學四年,我一直有種懷才不遇的委屈,唯一能做的就是讀書。1997年,我在大學圖書館裡借了西蒙波娃的回憶錄六卷,一口氣從頭讀到尾,如遇知音般。那是我人生第一次知道,一個女性的生活可以如此波瀾壯闊。在我之前的認知中,女性的範本就是媽媽那樣以家庭為中心的賢妻良母。

西蒙波娃的回憶錄從她的少女時代講到老年時代,再現了法國一個世紀的精華和片段。她的真實、勇敢與勤奮令我迷醉,透過這位內心視野高度清晰的知識份子的文字,我看到人生的必然性和偶然性,也看到一個更宏大的世界。

那時我還沒有決定好自己要做什麼樣的人,日子搖擺不定,未來一切都還沒有展開。但我隱約感到波娃在告訴我,「過好一生」是什麼樣子。

大學畢業,我考上中國人民大學哲學系研究所。

導師張法會開口問我:「讀書讀得如何」,還會關心我讀什麼版本的書籍。到了22歲我才意識到,自己沒有受過體系化的訓練。言情小說、人文社科、經典文學等等什麼都讀,但學校的學術氛圍讓我如魚得水,重新找回自信。

畢業前,我還獲得獎學金,到丹麥留學半年。自由開放的西方文化,再次顛覆了我過往的價值觀和認知。

「我見證和親歷了傳統媒體的黃金10年」

2002年畢業後第一份工作,是在上海東方網做國際新聞編輯。我一邊拿著公家的固定薪水,一邊幫國外的刊物編譯賺點外快,加起來月收入有24000元左右,生活愜意但缺少激情。編譯久了,發現自己像一台編譯機器,整天複製貼上,成為不會思考的新聞搬運工。

兩年後,經好友推薦到報社面試,我進到《外灘畫報》工作。我記得那時剛好趕上諾貝爾文學獎揭曉,我編寫的第一篇文章就是獲獎者奧地利女作家耶利內克,洋洋灑灑幾千字的特稿登上頭版,我拿到人生第一筆稿費,一篇文章就有8000多元,而底薪只有7200元。

作為一名職場菜鳥,我還看不到《外灘畫報》當時所處的困境,也完全感受不到經營危機下的各種人事起伏,只是一味沉浸在做個快樂的記者、寫字討生活的滿足中。

2005年，徐滬生老師接手《外灘畫報》。他上任後，又是一輪人員震盪。有一次我來報社，忽然發現走廊上貼滿所有記者的文章，上面全是紅色的密密麻麻修改建議，我的文章赫然在列。我當時第一反應就是衝到徐滬生辦公室，問自己的文章哪裡不好？後來我才知道，我是唯一一個事後找他理論的記者。

　　徐滬生時代的《外灘畫報》，提出的口號是「全球資訊、本地生活」。從購買國際一流圖片做封面開始，慢慢轉向自己原創，一點點否定過去的自己，《外灘畫報》才建立起自己的影響力。

　　我一待就是7年，這期間結婚生子，從編輯、新聞部主任、新聞部總監、副總編，走了一條傳統媒體人職業發展的庸常之路。恰好，2004年到2014年，正是中國雜誌的黃金10年，是中國奢侈品市場增長最迅猛的10年，也是中國新興中產階層快速壯大的10年。

　　2005年起的短短幾年內，《外灘畫報》轉虧為盈，飛速增長。

　　2006年夏，我開始負責《外灘畫報》的封面報導，一做就是8年，一年52期的封面人物，都由我負責執行，我見證並記錄了中國最浮華光鮮的那一面。

　　其實我喜歡單槍匹馬，然而做了8年幕後編輯，就不得不常年與各種人溝通。編輯封面報導本身更是內容和經營的雙重角力，哪些時候要強硬，哪些時候要妥協，經過一段時間，笨笨的

我才慢慢掌握這些要領。

「我們像一群被寵壞的小知識份子」

在生機勃勃的黃金時代，我很難預測到曲終人散的後來。我們的團隊超有凝聚力，廣告銷售額年年急速攀升，我們談論《紐約客》、研究《浮華世界》……我經常感覺自己是拿著薪水幸福地全世界亂跑的人。

我們像一群被寵壞的小知識份子，大家都是草原裡長大的野馬。這些自由和閒散，之於個人是那麼可貴，之於公司則未必。回顧過去，也是媒體行業漸漸跟不上其他產業最基本的原因。

2011年，我到美國當訪問學者，一邊讀書、一邊研究美國雜誌黃金60年的歷史，也親眼見到和親身感受到傳統媒體的式微。班上到處是被裁員的老記者；媒體廣告收入下滑，遍地哀鴻；連《紐約時報》的辦公地點也從紐約的黃金地段，搬到一個不起眼的地方。

2013年底，徐滬生決定出來自己做自媒體「一條」，果斷和自己待了7年的地方說再見。2014年上半年，我不斷送別老同事，一邊簽離職同意書，一邊到處招人補位，辦公室空蕩蕩的。報社內部被分割為新媒體和傳統報刊，大家涇渭分明、各自為政，在不同的方向上努力。最低谷的一年我才開始真正反思，對一家媒體公司來說，什麼是最重要的？

同時，我也看到自己的侷限。在技術驅動一切的網路時代，一個悠悠哉哉的手藝人並沒有太多優勢可言，一個從不去做職涯規劃的匠人只能湮沒無聲。我告訴自己：你在這裡已經10年了，老得不能再老了，是時候離開了。

2015年，我正式離職，北上創業、從零開始。

那時有不少公司向我拋來橄欖枝，其中不乏年薪誘人的offer。我的好友、諮詢界的行家陳雪頻，當時建議我把各個offer整理成一個評估表，根據我對產業前景、自我成長、地理位置、薪酬待遇等各種考慮因素的權重評分，做個理性的判斷和選擇。我發現我還是最在乎自我成長，最終選擇加入果殼旗下的「在行」，打造全新的知識共用平台。

「資訊爆炸的時代，我在『在行』」

2015到2017年，我坐飛機上班，穿梭於「魔都」（上海）和「帝都」（北京）之間，笑稱自己是「伏地魔」。每週五下午搭3點的航班回到上海的家，每週一上午9點之前準時出現在北京的辦公室。「在行」的工作經歷，把我從坐而論道的媒體位置拉到現實的各行各業中間。我在《外灘畫報》採訪過很多名流、專家、明星，但很少有機會也不習慣往下看，從來不清楚錢是怎麼來的。我們自認是引領別人的，而不是服務別人的。

到了「在行」，我要把一個東西從0做到1，讓它運轉起來，

再把1做到10、100。我要制訂計畫、搭建架構、拓展通路、創立篩選標準、設計定價體系和產品包裝。我要普及到各行各業，把各個領域的專家都找出來，幫助他們建立個人IP、成為行家，成為平台上有市場、有使用者的知識產品。創業初期，我接觸了原本八輩子都不可能接觸到的人。

離開《外灘畫報》時，我的微信聯絡人有2800人。到了北京「在行」，第一年就加了1000多人，後來微信聯絡人突破5000人上限，最後我只能天天刪人。

我在《外灘畫報》訓練出來的策劃能力、審美能力發揮了作用。剛開始，我對專家的包裝只是出於本能，非常在意視覺效果，我用很低的成本組建了攝影團隊，幫專家拍照片，效果如同雜誌封面的大片質感。很多專家被自己的形象照打動，願意為了照片成為我們平台的「行家」。第一年發展了2000多人，第二年4000多人。在供應端的製作和包裝上，我們做得很成功。

「我的慌亂，我自己懂得」

10多年前，我在北京讀書，最常去的地方就是中關村的風入松書店。而今那裡成為瘋狂的中關村創業大街，每個人都談著創業、融資和上市。

北京的熱情、瘋狂、學習速度，就像一股旋風。我被一個時代的野心裹挾，生猛向前。我的柔弱、輕率和缺乏理智，我的好

奇心、勇氣和智慧,都被北京這座城市激發出來。

《外灘畫報》訓練了我的策劃思維,「在行」教會了我商業思維,讓我看到人們願意花錢買認知的市場趨勢,也讓我有機會與中國頂級的投資人接觸。

在北京網路圈,大家都在高談使用者增長、模式創新。這種欣欣向榮、生動活潑的氛圍感染了我,我也成為其中一員。

我害怕自己追趕不上這種速度。我的慌亂,我自己懂。

「教他人學會閱讀,這件事對我充滿魅力」

在人類的生態系統裡,每個人都是掠奪者、享樂者和生產者,只有少數人能夠做出大於自我生存價值的事情。

傳播優質的資訊,是我長時間信奉的職業價值觀。然而,我發現自己想做得更多。內心深處,一個驕傲的中年婦女還有一絲倔強,不想碌碌無為過一生。

2018年,我重新回到熟悉的上海,找回舊有的自我,我獨立創業了。我選擇小學生閱讀教育的賽道,核心是提升孩子的思考素養。

首先,閱讀是我內心所愛和專長。幫助孩子從無形、散亂的思考走向有序、有深度的表達,「教會他人學會閱讀」,這件事對我充滿魅力。小學生的基數大,我面對的是一億的市場空間;小學階段是閱讀素養教育的黃金介入期,而國內這方面的教育研

究盲點很多。英文、數學這些學科賽道已經擠滿了人,但語文、閱讀這方面還有很大的市場空間,因為它太難標準化,而這正好是我的機會。

我曾去研究歐美的課程體系,第一次看到美國的閱讀課程標準,很受觸動。

例如小學三年級讀小紅帽的故事,會引入法國、英國等不同版本,讓孩子分析不同國家對同一個故事的敘述、闡釋方式有何異同;到了高中,同樣是莎士比亞的《李爾王》,會讓學生評價話劇、雕塑、電影、多媒體等不同媒介對同一主題的表現方式。在這樣的學習過程中,孩子們學會如何提取、解釋、整合、分析和創造資訊;對文體、結構、內容、人物各層面的認知都會螺旋式上升。

這對我而言是極大的啟發。歐美的語文課程叫Literature Art(文學藝術),屬於藝術範疇,包含語言文字語法、思維素養、思辨意識、審美和文化多個層次。

回望過去自己的職業生涯,前幾份工作交織在一起,都在為這次創業做準備。媒體經歷開闊我的視野,建立了我對閱讀的深度認知和熱愛;網路行業讓我知道技術的威力和極限;而從事教育,不過是把前面的1+1打碎,重新揉合起來,從0到1做一款屬於自己的產品。

「創業讓我發現太多自己的侷限,但也因為創業,我明智了很多」

創業第一年,我就掉進技術的漩渦裡。組建自己的技術團隊,招兵買馬,燒掉數百萬。我對技術、對自己、對公司抱有不切實際的幻想,以當時的商業模式和團隊能力根本承載不了,也填不滿技術的洞。檢討總結,我對用戶的痛點瞭解不清晰,對商業邏輯思考不透徹。

雖然掉進技術的坑,但我還是有意外的收穫,就是找到一位優秀的合夥人。他是網路大廠出身,北京大學高材生,邏輯思考特別厲害,彌補了我的缺點。我們的溝通方式簡單直接,從不浪費時間。

記得有一次,我們跟員工開會。會議結束他拉住我,把門關上,問:「你覺得剛才會開得怎麼樣?你覺得這樣的會議,能達到你的預期嗎?」我沒意識到自己做錯了什麼,只是認為我把該說的都在會議中說了。

他一句話點醒我:「你希望這個公司是員工都帶著腦袋工作,還是只靠你一個人動腦指使大家工作?」

我恍然大悟。

創業後,我特別享受別人批評我。創業讓我發現太多自己的侷限,但也因為創業,我明智了很多。

我反思過自己的問題。我太喜歡表達,一直在表達我自己,

卻忽略了員工的知識水準、理解水準和現實能力。管理公司不是表達自己，而是激勵員工管理好自己。

「不僅要考慮Plan A和Plan B，甚至要考慮Plan C和Plan D」

創業，是我自己對生活下的賭注。落子無悔。

多年來，我每天喝兩杯美式咖啡，搭配一堆零食，戴著耳機，旁若無人地打字。對於減肥、變美這些事情，我根本不在乎。我忙著不斷做事和學習，為自己的生活找座標。人世間，沒有什麼比創業更能考驗自己的認知、勤奮度以及想像力的極限。我擅長表達，但我的使用者思維非常遲鈍，這是過去菁英思維給我帶來的屏障。如何真正感知使用者思維，是我在未來幾年裡要徹底打碎自己去學習的事。

創業這些年，我隨時關注公司現金流和銀行餘額，我的享樂生活幾乎全部消失，因為我扛的責任完全不一樣了。在以往的職業生涯中，我從來不會考慮Plan B；但自己的公司不僅要考慮Plan A和Plan B，甚至要考慮Plan C和Plan D。因為有各種情況需要應對，哪怕遇到最糟糕的情況，也要確保能讓公司存活下去。

創業中很多時候，我的智商和情商都欠缺，又傻又天真。而創業的樂趣就在挑戰自己智商和勇氣，對我而言，這種樂趣遠遠

高於享樂的樂趣。

「創業覺悟時刻,是意識到『第一原理』思維何其重要」

2020年下半,我又做了一件很傻很天真的事情。

連續兩週,我枯坐在辦公桌前,試圖寫一篇關於閱讀理解教學的論文,我幾乎窮盡自己找資料的能力。看了幾十篇西方閱讀心理學的論文,但我還是寫不出一篇好文章,最後我放棄了。

我又花了5個多月的時間,聯合7位學校校長、100多位國文老師研發出5冊一套的《閱讀指導叢書》。有很長一段時間,我在電腦面前糾結,什麼是閱讀?閱讀教學意味著什麼?什麼是閱讀策略?閱讀策略和閱讀技能有什麼不同?預測、推論、自我提問、建立聯繫是什麼?

我硬讀這些學術名詞。我一生中從來沒有如此和學術名詞搏鬥過,為什麼要硬讀?

在一個學科領域裡,只有找到最簡潔的語言,才最能夠讓所有人受惠。

邏輯和抽象思維能說明我們看清學科的本質,最簡約的公式則可以穿透時間、空間裡的感性素材。這是第一原理的思維。

最重要的是什麼?想清楚後抓住,就不要放手。

如果說創業有什麼覺悟時刻,對我而言,那就是意識到第一

原理的思維何其重要。

我幾乎每天都會面對自己的拷問：我的野心是否大過我的能力？心目中理想的標竿A點和市場需求缺口B點之間，我能做到的最好的C點在哪裡？對於閱讀，我能實現商業價值和教育價值的平衡發展嗎？當前最重要的是什麼？使用者的核心訴求又是什麼？

「創業猶如一場沒有圍牆的科學實驗」

我們在自己的小世界裡不斷嘗試。

創業一年後，我們裁掉技術團隊，專心研發課程和產品，透過協力廠商平台銷售。我們無數次向北京、上海的閱讀專家請教，從一線的市教研究員到PISA[7]閱讀評估專家，再到西方小學語文老師；參加上海市級最高水準的公開課，和老師們一起鑽研課程，做一線老師的培訓。

我們的閱讀策略課在上海最好的公立小學開始嘗試，反覆做閱讀實驗。在培訓過幾百名國文老師後，我在教學實踐中逐漸意識到理論和體系的重要性。

我和幾位合夥人都不是銷售型人才，甚至一開始也沒有很清

註7：國際學生能力評量計畫，英文全稱為 programme for intemational student assessment，簡稱 PISA。

晰的市場推廣策略，只是單純覺得，我們的閱讀教育理念需要有傳播的載體。

於是我帶著兩個實習生，用一個月的時間，出版一套電子版的《跟著詩詞遊中國》，沒想到賣到缺貨，幾乎在一夜之間，有將近8000個媽媽想加我微信買書。一年後，我們把這套電子書印成紙本書，賣出超過20萬冊。

我們研發出版的《小學生閱讀筆記》也輕輕鬆鬆賣破10萬冊。這些用於推廣的副產品成為我們最好的銷售武器，吸引源源不斷的老師、家長來購買我們的線上閱讀課程。

同時，這些副產品的熱賣讓我們意識到自己的強項：有系統地輸出閱讀策略，直接應對「老師不會教，孩子不會學」的痛點，這也是我們作為教育公司能帶給孩子、老師和社會輸出的價值原點。

創業猶如一場沒有圍牆的科學實驗。走走停停，不斷行動和反思，哪些才是我們的核心壁壘。我們在變和不變之中，不斷嘗試。

「我沒有拿槍，就風馳電掣地進入戰場」

作為一家線上教育公司，我們能成為「風口上的豬」嗎？

我反思過，我們線上教育事業的本質，是訓練學生的思維方式，和賣洗髮精的銷售模式是不一樣的。改變人的思維方式是很

吃力的,教育孩子和改變老師就更難、更慢了。

我對自己說,掉進坑裡才能看到自己的愚笨,然後再從坑裡爬起來,看到自己的獨特。

創業這些年,最慶幸的事情莫過於核心夥伴從來沒有分開過,投資人還是一如既往地支持我們。2021年,公司從10多名員工變成近30名,閱讀產品也已經反覆運算5輪,我們還很頑強地活著。比起前兩年「目標滿腦袋,計畫做不完」,我們第三年計畫的完成度非常高,營收近千萬。我們產品營運資料的累積更扎實,制定目標和完成計畫時也就更有依據、更穩健。

人間值得嗎?似乎來不及想,就風馳電掣地進入一個戰場,創業是我生活的主戰場。

我們這代人,就算不曾親歷繁華蕭條、大起大落,也算見證過。我能留下什麼?我想透過踏踏實實的努力,留下一點大於我自身生存價值的精神產品。

如果讀過的書裡藏著一個人靈魂的模樣,那麼愛閱讀、有想法、會行動的孩子必定閃耀著光芒。我希望我能成為一名教會孩子在知識的海洋裡開船的人。

所謂成熟,就是把自己結結實實地變成世界的一顆粒子,一顆不再矯情和自戀的粒子。

人生實苦,但探索有意義。只有洞悉世界之後,才會遊刃有餘。

採訪手記

　　曾進說：「一個人讀過的書裡，藏著他靈魂的模樣。」我說：「每一個創業者的故事裡，都能找到自己的身影，聽到內心的迴響。」這篇文章的採訪很倉促，引用了大量創業者本人的日常碎碎念，才還原了她成長、創業的全貌。她很及時地給我回饋，並善意地提醒我，篇幅太長了，建議刪掉 2/3 的文字。我對著電腦，一個字一個字地刪，真的很捨不得刪掉任何一個字。每個字都是前媒體人的深刻反思和真誠表達，是她的也是我的。就這樣吧，創業也好、寫作也罷，都是一意孤行的探險，不任性一把，怎能稱其勇敢呢？

（曾進口述實錄完稿時間：2021 年春）

徐建傑

1973 年生屬牛

- 天秤座
- 浙江衢州人

「創業就是你比別人
堅持久一點

從事行業：智能停車

年銷售額：數千萬元

創業時間：13 年

創業資金：0 元

「每次遇到困難，我就像在爬童年放牛時的那個大坡：堅持久一點，就能闖過去」

　　我父親是個自學成才的手藝人，從部隊退伍回來，在村裡當木匠，上門幫人做傢俱，每天早出晚歸。我奶奶和姑姑名下的土地託給我家照看，我母親一個人就要做7個人的農活，終日勞作，所以我從7歲開始就做家事。全村只有一口井，父親專門幫我做了小一號的木桶，我每天擔著兩只小木桶去村頭井邊打水。放學回來先燒火煮飯、打掃屋子，照顧弟弟妹妹……忙完才有時間玩，但玩夠以後就沒有時間寫作業了。

　　暑假時在外公家放牛，我趕著牛去大嶺山，山上有個採石場留下的石塘，通向石塘的大坡又陡又滑，佈滿碎石非常危險，別的孩子都繞道走，我敢直接爬上去，一副天不怕地不怕的樣子。我心裡告訴自己：我福大命大，能闖過去，不會有事。

　　每次遇到困難，我就像在爬童年放牛時的那個大坡，堅持久一點，就能闖過去。

　　國中畢業後，我考上技術學院，念經濟特產科。這個科系特別實用，有種植養殖、獸醫配種、飼料配比、果樹嫁接，甚至有茶葉種植加工等很多課程，對我後來的人生道路影響很大。我在家裡的田種了300棵橘樹，等到畢業那年，收穫了1萬多斤的橘子，堆得到處都是，連床底下都堆滿了。之後一年又一年，一批橘子就能賣1萬多塊。

技術學院畢業後，我雄心勃勃地打算開個養豬場，但家裡實在拿不出錢來資助我，只好作罷。那段時間，我能找到什麼工作就做什麼，沒有長遠的打算。我曾到姑媽家的家庭手作坊當學徒，做自動關門器，做了一年後發現這個東西沒什麼技術，市場也沒有規範，陷入低價競爭後無利可圖，就沒再做下去。

「剛到上海，我晚上就睡在四平路的橋邊」

1992年，我又到十里排的火腿廠當臨時工，跟著師傅學做火腿。我的師父是從義烏正規食品廠裡請來的技師，我跟著他學會了火腿的整個製作流程。做了一、兩年，就有老闆邀請我做小師傅，從南到北的收豬腿，近的到過蘇北，遠的到過江西。到了1995年，老闆說上海生意好做、容易賺錢，我父親也支持我，給我6000元，我就跟著老闆到上海，把製作好的火腿賣出去。

來到上海的第一站，是在四平路附近的菜市場。我白天在菜市場攤位學著怎麼做生意、怎麼招攬顧客、怎麼切割火腿、怎麼銷售，晚上我就鋪一張草蓆，睡在四平路的橋邊，也沒什麼蚊子。

兩週以後，我經過打聽，把攤位移到大沽路的馬路菜市場，生意果然好多了。我早上5點多起來，騎輛腳踏車，載著兩條火腿、架著一個大砧板和一個大平秤，在十字路口擺地攤，一早上可以賣掉一、兩條火腿，8點前準時收攤，因為8點鐘員警上班，

就會來趕人了。

有了穩定收入後,我就跟一對上海老夫婦租了一間小雅房,晚上有了固定睡覺的地方。白天忙著做生意,餓了就在街頭買份便當。有一次食物中毒,人躺在床上爬不起來,幸虧房東及時發現把我送到醫院,救回我一條命。

「我是街坊記憶裡那個『在菜市場守著鹹肉看書的人』」

做火腿生意的小老闆們沒事就打牌,我剛來上海的時候,跟他們混熟後,也被帶著玩,一個晚上輸掉4000元,我從此發誓再也不賭了。閒暇時,我就騎著車子在街頭竄來竄去,看看有沒有更好的店面,如果看到有更好的就換一個。我在閘北公園邊上的平型關路食品商店租下兩個櫃檯,有3公尺長,月租16000多元。生意穩定下來以後,我就把弟弟也接過來,讓他跟我做火腿生意,我繼續物色新的商鋪。

當時上海宣導把馬路菜市場搬到室內。浦東塘橋新建的一家菜市場在招租,我簽約一年,付了3個月的押金,沒想到新菜市場招商不利,老闆一看苗頭不對就捲款跑路了。我付的押金打水漂,老闆也不見了,無奈之下我只好繼續找新的攤位,最後在海甯路一帶找到一家菜市場的攤位。我白天在菜市場賣火腿,晚上在攤位上架起一塊板子,墊子一鋪就睡在上面。海甯路有美食

街,所以火腿的生意很好,後來我把妹妹也叫來幫忙,又在東安榮市場新增攤位。

1998年,我們家鄉有一批人都來復旦讀自學考試,我也跟著報名,念資訊工程。總共16門課,我花了兩年半的時間完成。從1991年到1998年,我幾乎都沒碰過書,英文更沒有任何基礎,上課聽不懂也跟不上,只能死記硬背。那時候有本書叫《我愛背單詞》,我天天抱著它,沒事就在菜市場看書。直到現在,跟住在附近的居民說起菜市場有個人守著鹹肉看書,多少還會有印象。

我的生意做得不算好,我不太懂經營,也不擅長跟人交際,但我喜歡鑽研,做一行就想把這一行研究清楚。和菜市場買菜的大爺大媽隨便聊上幾句,他們就會認為我是行家,相信火腿從我這裡買才叫正宗。時間久了,因為我比較講信譽,跟大家也混熟了,後來我從火腿廠進貨就不需要付現,可以賒帳。

「2002年,我從小老闆變回打工者」

小本生意就這樣做著,一年又一年,我在上海算是站穩腳跟。但慢慢地競爭變得激烈,開始一個菜市場只有一、兩個攤位做火腿生意,後來變成四、五家。我沒有及時發展餐廳、商業超市的銷售管道,僅僅守著菜市場,簡直快經營不下去。而且我預見在未來,隨著大家生活水準提高,開始注重養生,鹹肉火腿的

消費只會越來越少。再加上在此期間，我還遇到過被人騙掉一車的火腿、被人賒帳抵賴不還的事情，搞得很鬱悶就決定轉行。

2002年，我從小老闆變回打工者，在一家做門禁和停車系統的公司當業務，一做就是6年，從基層銷售做到銷售主管，獨立帶團隊。2006年，我在工作之餘，還考到工程建造師的資格證書。但公司薪酬績效制度不合理，我帶團隊比我自己單獨做業務時還累、業績分成更少，投入和回報不對等，所以我萌生了自己創業的想法。

「我眼見事業慢慢起來，又倒掉了」

2007年，我正式辭職創業，承接一些停車場升級、社區改造的工程專案，生意慢慢做起來。但我當時不太具備智慧財產權的法律觀念，也太不重視。原公司老闆把我視作勁敵，背後搜集證據告我侵權。我當時沒有防備也沒有經驗，一聽到要打官司，就採取消極躲避的態度，沒有好好分析實際形勢，也沒跟律師好好溝通，總之人不在狀態中，最後輸了官司。

這件事對我打擊很大，眼見事業慢慢起來，又倒掉了。面對一個措手不及的局面，我焦頭爛額，索性「長痛不如短痛」，把公司收掉也解散團隊。我經歷了很長一段時間的修復期。

2009年，我從零開始、從頭再來，重新註冊了公司。為了節約成本，把辦公室搬到川沙，也沒有招聘業務團隊，就自己找案

子，抓住一個是一個，帶著工程團隊一點一點做。很多環節都親力親為，把大量時間和精力花在生產、銷售、維護、售後、客戶協調等各個具體事務上。為了生存，這是必經之路，但回頭看，事情一多就很難專注，這未必是效益最大化的方式。

「從重建公司開始，我就堅持自主研發」

我大概花了五、六年的時間，才從谷底慢慢爬起來。那段時間，我一邊工作、一邊整理頭緒、一邊學習。我報名經營管理班去進修，很多人報這種班是來交朋友的，但是我不大會，也不擅長，就老老實實聽課、讀書，學西方經濟學、管理學；空餘時間還跟著商會組織的活動學太極、學書法、加入跑團……這些看似跟主業無關的事情，對我綜合素質的提升很有幫助。跟剛剛創業的時候比起來，我的脾氣被磨平了，看待問題的角度和思路也更加多元，不再那麼偏激。

一朝被蛇咬，十年怕草繩。從重建公司開始，我就堅持自主研發，把產品技術牢牢掌握在自己手上。高級的研發人員我養不起，但我知道誰最厲害，就找他合作開發。

我當年僅僅是因為求職打工，而在各種機緣巧合下進入智慧停車這一行。當時並沒有覺得它有多好，但這幾年做下來，隨著網路、人工智慧的發展融合，我發現它的潛力很大，與國家的新型基礎設施建設（簡稱新基建）浪潮、打造智慧社區和智慧城市

的政策導向相吻合，也是應用人工智慧、圖像識別、雲端計算等技術的最佳場景。我似乎誤打誤撞地趕上了一波被時代推向風口浪尖的機會。

智慧停車是ToB市場，跟ToC市場的不同之處在於很難形成一家獨大、贏家通吃的局面。因為每一個B端客戶都有一些特殊需求，但大公司為了維持規模化效應，追求的是標準化產品和流程，很難及時、靈活應對客戶的特殊需求和開發客制化的功能。這給了我們中小企業夾縫中求生存的機會。

「市場化的競爭有點像在沙灘上找貝殼，不是誰塊頭大就能找到更多貝殼」

從2009年到現在，我說不上成功，公司沒有做大，但也沒被擠垮。國家主導的「大工程」自然會交給實力更大更強的國營企業帶頭去做，但我們這些民營企業可以在這些「大工程」的夾縫中，找一些互補的工作來做。說到底，智慧停車系統是高度市場化的，都要應用在一個個具體的地域空間和社區裡。這有點像在沙灘上找貝殼，不是誰塊頭大就能找到更多貝殼，而是誰對市場反應更敏銳，對需求的洞察更準確，誰就有可能制勝。而我們這些天天在第一線緊跟專案和客戶的人，對產品需求、商業邏輯、市場方向有更直接深入的觀察和體會。

有的產業二十年一變，有的產業十年一變，而智慧停車行業

幾乎兩年一變,而且變化很大。從最初的門禁刷卡到藍牙遠端感應,再到車牌識別、無人管理的計價、收費管理、自動分配車位、路線規劃、車位導航等,這個產業發展每個階段面臨的技術瓶頸都不一樣,因此導致市場的競爭局勢也不一樣。

最初停車刷卡模式用到的軟體和安裝技術相對簡單,一、兩名工程師就可以搞定,反而是硬體加工環節不夠成熟,有大批量生產或採購能力的大企業更有競爭優勢;發展到現在,硬體的生產加工流程已經高度成熟,價格和利潤也非常透明,無論訂單的大小,供應商的生產報價和交付週期,幾乎沒有太大區別。

因此,我們只要能夠解決用戶的痛點,追求服務的滿意度,充分挖掘市場中的個別需求,小型企業在競爭中就不難存活,大企業相對於我們小型企業的競爭優勢,也就不再那麼絕對。

「為客戶提供別處找不到的服務,才是最省成本的做法」

智慧停車正在往高度整合且智慧化的方向發展,相關產業融合對接,對軟體發展的需求不僅越來越多,也越來越精細。未被滿足的需求就是機會,滿足需求的解決方案就能釋放巨大的價值。

比如集團化管理、無人管理的停車管理系統,可以節省多少勞動力;住宅與辦公大樓之間的空間共用、反向尋車的引導系

統,可以提高多少車輛停放效率;適應多種管理目標的計價、收費系統,可以為物業增加多少收益。

你可以把智慧社區看成一個個類似智慧停車系統的子系統集合,包括社區門禁訪客系統(這個不涉及收費,所以商業邏輯相對簡單)、物業管理系統(如報修、維修、訂單、支付等)、居家養老服務(智慧裝備資料監測、預警、查看等)。而智慧城市其實就是智慧社區的放大,只要清楚理解需求,把商業邏輯梳理清楚,提供相應的解決方案和改善措施,就能贏得一席之地。在這樣的市場裡,競爭相對公平。

我們曾承接一個外地的傳統工程改造專案,從2017年實施至今,經歷各種剝削和唬爛,甲方需求不斷增加,付款卻一直拖延,雖然專案交付後早已過了兩年的保固期,尾款卻遲遲未付。若是放在以前,以我火爆的脾氣肯定不能容忍,但現在我能相對平和地面對這樣的客戶了。與其帶著怨氣和委屈去對抗,不如冷靜思考客戶真正想要什麼,最終的目的是什麼,我該如何滿足他們。就我而言,無非是降低一點利潤,但能夠滿足部分挑剔客戶的需求,提供他們在別處不易找到的服務才是理性的做法,也是最省成本的做法。

「我們面對的是一個龐大且每隔幾年就要更新升級的市場」

挖掘既有客戶的新需求，進行二次開發，在不增加銷售團隊的情況下，依然可以拓展專案資源和業務量。我把智慧停車系統當作一個入口，逐步擴展成智慧社區平台，把停車、訪客、物業、養老等一個個服務模組放進去。

比如以前的訪客門禁需要刷卡或用對講機通話，但是以後會發展為人臉識別、QR碼通關。這些軟硬體的更新和普及會形成巨大的流量入口，而這些流量可以衍生出很多社區的新商機和服務。

我們面對的是一個龐大且每隔幾年就要更新升級的市場。僅上海市區就有一萬多個公共停車場，如果再加上住宅社區內的停車場，數量還要翻幾倍。所以，每年都有人跑步進入這個賽道。在我剛入行的時候，這一行裡具備獨立研發能力的公司大概只有幾十家，目前已經增長到近百家。

最近上海市交通委員會發佈新政策，要求上海所有公共停車場都要連接上海停車APP系統，這是一件市政工程。這對產業來說將是新一輪洗牌，對具備自主研發能力的企業是重大利多。我們的技術銜接很順暢，因為我們的產品研發方向與市政停車系統高度一致。藉著這個契機，我們也有望成為這個產業的前一、二大公司。

我曾一度認為我不善交際的性格限制了事業的發展，公司一直保持著穩紮穩打、量入為出的節奏，用業績來養研發，用技術來吸引用戶，至今都沒有一個像樣的銷售團隊。但換一個角度來看，這個產業技術的快速更新，也成就了我在這個產業浮浮沉沉的二十年。如果一個行業十年、二十年才一變，那麼確實更仰賴銷售能力，但這個產業已經發展到兩年一次技術升級換代，那麼也只有技術驅動型的公司才能跟得上這個節奏。我認為產業技術更新越快，對我們這種堅持技術開發型的公司就越有利。

「我的觀念從『什麼都自己做最省錢』，轉變為『什麼都不做效率最高』」

創業初期受條件限制，也為了節約成本，很多事情我都是親力親為，認為「什麼都自己做最省錢」；到了現在這個發展階段，我的觀念發生很大變化，我覺得創業者最大的責任是找對人、用對人。創業者「什麼都不做效率最高」，因為一個人的精力是有限的，所以更要用到價值最大的地方，比如判斷市場機會、洞察客戶需求、理解商業邏輯，然後把每個環節安排給最合適的人去做，讓每一個人把自己的長處發揮到最大，這樣才是成本最低、效益最高的方法。

從2002年入行開始到現在，我深耕智慧停車產業已經二十年，我有信心用最低的成本，去提供最契合需求、管理效率最高

的產品。只要需求在機會就在，有目標、有方向、有方法，就對前景有信心。

採訪手記

初遇徐建傑是在從上海到嵊泗的渡輪上，我們年齡相仿，並且居然都是在1995年初到上海。我說1995年我來上海讀書，他說1995年他來上海賣火腿，晚上就睡在大橋邊。我就有興趣了，於是就有了這篇訪談。從賣火腿、馬路菜場、智能停車、智慧社區……創業者的人生 K 線圖，充滿了意外和傳奇。

（徐建傑口述實錄完稿時間：2021年夏）

結語

人們經常感嘆：「明白了那麼多道理，卻依然過不好這一生。」這是為什麼呢？因為把別人總結的道理套用在自己的人生，不太可能完全適配，「定格」、「當機」才是常態。

在第一章裡，董冬冬總結過一句話：「人的一生不在於起點，前路會遇到什麼是未知的，路的盡頭在哪裡也無從知曉。你唯一能做的就是堅持走下去，不斷學習，找到自己的人生方法論。」

創業是同樣的道理。

只要開公司、當老闆，可能都必須編寫企業使命、願景、價值觀，甚至要印在企業宣傳冊上，掛在辦公室牆上。如果說價值觀是「道」，那麼方法論就是「術」。每一位創業者都是在做事的過程中磨練，磨練出屬於自己的方法論。方法論就像照妖鏡，能照出價值觀是真是假，是掛在牆上裝點門面，還是真刀真槍用行動守護。戰術層面的方法論要吻合公司的價值觀，能適應所在

賽道的商業生態，才能生存、才能持續、才能讓自己信服、讓團隊信服、讓客戶信服。

這是一個尋找、探索、修正、除錯的過程。與其照抄別人創業的「道」與「術」，不如去研究體會，別人公司的「道」與「術」是如何形成的。

王正波早期的創業經歷夾雜著隨遇而安的自信和野蠻生長的衝動，賺了賠、賠了再賺，心臟越來越大顆，裝得下更大挫折和壓力，聚合成為蓄勢待發的動力。他看到白牌車的市場機會，下了重本；在貸款1億2千萬的時候，遭遇疫情控管的衝擊，但最終他存留下來。他的生存之道就是對多變的市場環境有敏銳靈活的應對策略，不抱怨、不內耗，專注事實本身，在絕境中尋找活路。在一個遊戲規則、市場規模、下場「玩家」都在快速變化的賽道裡，適應變化就是搶佔先機，就是競爭力。

王中江在創業路上經歷過數次轉型，曾經有過「把投機生意當成20年的生意去做，會把自己搞死」的教訓。多年後回頭看，才明白生意各有不同，有些生意講究機緣，黃金期也就幾年光景，拚的是打短線，如果妄想把它做成百年老店，追求品牌、品質、真功夫，打法就不適合。

亞馬遜創始人貝佐斯的一句話深深影響他，就是要把戰略建立在不變的業務基礎上。王中江後來所從事的投資理財賽道，曾

靠拿牌照就能過舒服日子，但他意識到，牌照的本質是特許經營，紅利期遲早會過去。如何在這個產業做成百年老店，保障長期確定性的收益呢？投資做得好，資產翻倍；投資做不好，怎麼做都是「死」。核心是合法與投資，而不是人員與規模。

為此，他放棄預測價格，不再指望賺漲跌的錢，而是追求資產配置的長期確定收益，並確立投資的三大原則：第一，底層資產永遠不會消失；第二，它可以產生持續穩定的現金流，每年都能收到不菲的租金；第三，隨著通貨膨脹，資產價格會越來越高，而且可以隨時變現。「認清自己的能力極限是一種解放。」當價值觀、方法論與所在賽道和諧一致時，他終於進入理想狀態：管好自己的錢，管好公司的錢，管好客戶的錢，享受愉悅人生。

曾進把創業當作自己生活的主戰場。在她看來，每個人都是掠奪者、享樂者和生產者，只有少數人能夠做出大於自我生存價值的事情。到中年時她投身創業，就是希望透過踏踏實實的努力，留下一點大於自身生存價值的精神產品，這就是她的價值觀。

但她意識到，線上教育事業的本質是訓練學生的思維方式，和賣洗髮精的模式不一樣。改變人的思維方式是很吃力的，教育孩子和改變老師就更難、更慢了。如何在折磨人的「緩慢」賽道中生存下來？她的答案是追求「第一原理」：穿透時間、空間

裡的感性紛擾，看清本質，明確知道什麼是最重要的，然後牢牢抓住不放手。作為成功的前媒體人，曾進有超強的表達欲望和表達能力，但創業帶團隊讓她很快意識到，管理公司並不是表達自己，而是激發員工管理好自己。她幾乎每天都會自我拷問：「我的野心是否大過我的能力？」她時刻關注公司現金流和銀行餘額，不僅要考慮Plan A和Plan B，甚至要考慮Plan C和Plan D，因為有各種情況需要應對，哪怕遇到最糟糕的情況，也要確保公司能夠存活下去。

徐建傑在智慧停車產業起起伏伏20年，「至今都沒有一個像樣的銷售團隊」，但他形成自己一套的「活法」。有的產業20年一變，有的產業10年一變，這種產業更仰賴銷售能力，但智慧停車產業幾乎兩年一變，而且變化很大，每個階段面臨的技術瓶頸都不一樣，是高度市場化、客製化、個性化的，只有技術驅動型的公司才能跟得上這個節奏。他相信，在這個產業裡拚的不是大而是快。「有點像在沙灘上找貝殼，不是誰塊頭大就能找到更多貝殼。」

所以，徐建傑堅持自主研發，把有限的資源和精力都用在刀刃上，包括他自己。作為一家小公司老闆，他學會把自己也用在刀刃上，他在創業初期很多事都親力親為，認為「什麼都自己做最省錢」，後來轉變成「創業者什麼都不做效率最高」，因為一個人的精力是有限的，所以要用到價值最大的地方。比如判斷市

場機會、洞察客戶需求、理解商業邏輯，然後把每個環節安排給最合適的人去做，讓每一個人把自己的長處發揮到最大，這樣才是成本最低、效益最高的方法。

　　創業的「道」與「術」，沒有放諸四海皆準的現成答案。認清所處產業的商業本質、商業邏輯、競爭要素，在低成本的快速嘗試過程中驗證自己的價值觀，並探索出相符的方法論，這是每一位創業者的必修課。

> **最慘的破產就是喪失自己的熱情。**
> The worst bankrupt is the person who has lost his enthusiasm.

20 「不歸路」上的燃料

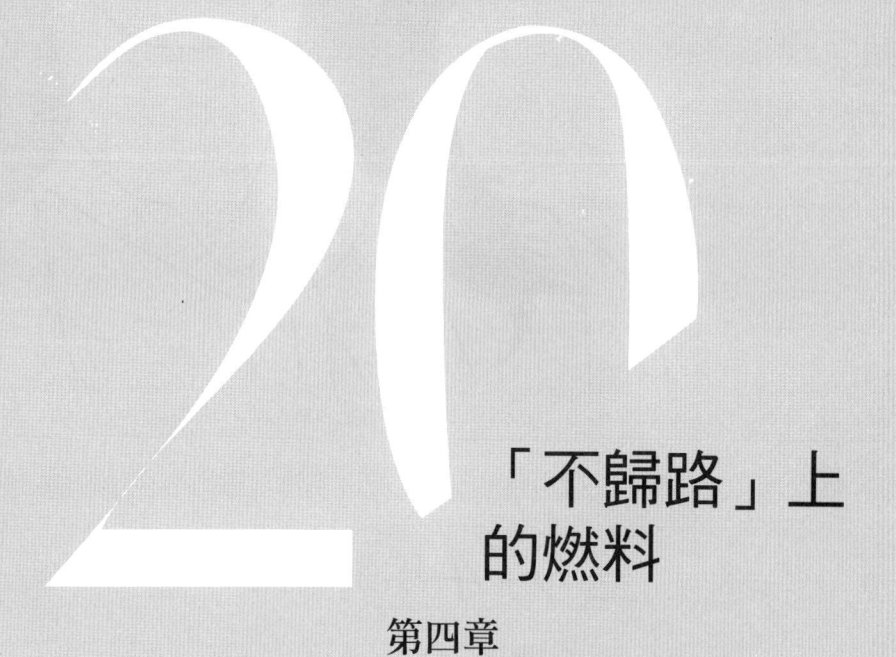

第四章

要華

1974年生屬虎

- 天蠍座
- 山西大同人

> 創業不是一個人的事,
> 是一群人的事

從事行業:照明

年銷售額:數千萬元

創業時間:6 年

創業資金:80 萬元

「我從小就知道,我一定要讀到博士」

我出生在山西大同一個叫左雲的小城裡,爸爸在銀行工作,媽媽是老師。在那個年代,雖然我家的生活稱不上小康,但不愁吃穿,算是當地很不錯的家庭了。我的父母都是對自己要求很高,但對生活要求很低的人。那是一個樸素的年代,金錢好像是生活裡隱藏的一部分,我們平常很少談起,以至於我對金錢沒有什麼概念。直到現在,我還是羞於談錢,我也曾反思自己為什麼不會賺錢,可能原因就出在這裡。

由於父母忙於工作,我很小就被送到幼稚園。那時候的幼稚園不能跟現在的比,就是幾個老太太看著,叫你做什麼就做什麼,叫你睡覺就睡覺。我那時候特別羨慕姐姐,渴望能像她一樣去上學。

如果我的童年用色彩來形容的話,讀書前和讀書後有一條分界線。讀書前,就像黎明前的天空,是青灰色的,但是一上學,我覺得小太陽出來了,一切都變成了金色,天天都在學習和進步,我的快樂和成就感很多都來自學校。我從小就知道,我註定是要讀到博士的,我要一路把書讀完,但是至於讀完書之後做什麼,我沒有想過。這也就是在後來的人生裡,我反而要重新去經歷各種尋路的過程。

1992年考大學,各種機緣巧合下,我報考了復旦大學的應用物理系,從字面看應用物理好像比物理更有趣,而物理是我高中

時期最喜歡的科目。進入大學後，上海的同學消息靈通，告訴我說應用物理是核子物理，跟我想像的完全不是一回事。但我的第一反應是：「哇，核子物理，聽起來好酷啊。」

力學老師上課說的第一句話就是：「你們要忘掉以前學的所有東西，因為你們現在才開始真正學習物理。」然後第一次考試就下馬威，考題超級難啊。考完試之後我們三個女生在操場上散步，自信心碎了一地，簡直潰不成軍。

等成績單發下來，發現還好，我的成績居然在滿前面的。於是我意識到，物理確實難，但我不是不行。物理的高峰橫在面前時，你抬眼一看，不免感嘆「哇，好高啊」，但它是有路徑的，大學就是在有系統地教會你通往高峰的路徑，所以要老老實實地一階一階往上爬，別脫隊、別鬆懈。那時候我讀書真的很用功。早上帶個便當從宿舍出去，晚上帶個便當回來，一整天都泡在教室和圖書館裡。

學物理有個好處，班上女生少，全班20人裡只有3個女生，男生對我們都非常友善。3個女生被當成小公主對待，內心是充實而自信的。我們幾個都不講究外表，不會化妝、不懂打扮也不愛逛街，沒什麼容貌焦慮，那種自信源於同學之間的平等相處。

大學校園總歸是一個浪漫的地方，到了大三，我們3個女生都談了戀愛，我的男朋友（就是現在的老公）是同班同學。談戀愛之前，我的眼裡只有宿舍、教室、學生餐廳、圖書館。但是談戀愛之後，我發現校園裡有池塘、草坪、桂花，還有夾竹桃……

原來我不曾注意到的美麗都呈現在眼前，真的非常美好。

「我對科學研究的熱情，好像因為日復一日的勞力工作消耗殆盡」

我在國內讀完研究所，結婚後和老公雙雙申請出國深造。2000年到2006年，我在紐澤西州的羅格斯大學物理系攻讀博士學位，但我對科學研究的熱情，好像在實驗室裡日復一日的勞力工作中被消耗殆盡了。當時的實驗要求超真空、超低溫的環境，條件非常苛刻。我的大量時間都花費在準備工作上，而不是採集資料，更不是分析結果。

那麼大的液氮瓶我要一個人推進推出，全是靠體力在工作。每次真空腔體（chamber）抽真空到了烘烤階段，我都要扶著梯子爬上爬下，先用鋁膜把真空腔體上的玻璃窗都仔細包起來，然後再幫整個真空腔體纏上加熱帶，最後再披上隔熱的麻袋。所有環節一旦有一絲疏漏，就前功盡棄，一切得從頭再來。我的一位美國學長打趣說：「這就像幫真空腔體包『尿布』。」這麼一做就是好幾年，我真的受不了了。

2005年，參加美國物理學界盛會三月會議時，我在奇異公司（GE）的展臺前圍觀，看他們展示一款新型光源材料製成的照明燈具，我隨口問了一個工業上的技術問題，負責人就把我的名字和電話記下來了。我回到學校後，GE聯絡我，說我提到的問

題正是他們當下急需解決的問題,他們希望我能去GE工作。當時我還沒有畢業,跟導師商量後,約定用一年的時間準備畢業論文,GE為此要等我一年。

2005年,我的大女兒才3歲多,我老公原本可以跟我同一年畢業,但為了讓我順利完成畢業論文,主動分擔育兒重任,延遲一年畢業。我常常總結說:小學5年、中學6年、大學5年、碩士3年、博士6年,我的整個讀書生涯足足有漫長的25年,我認識的人之中,好像沒有人比我讀書的時間更長,唯獨我老公比我還多一年。

我們兩個一邊讀書一邊帶小孩。我早上6點就到實驗室,那時女兒都還沒醒;下午我匆匆趕回去,老公帶著孩子在半路上與我會合,完成交接後我帶女兒回家,老公再趕去他的實驗室,直至深夜回來。

那段時間簡直爭分奪秒,很不容易,但孩子帶給我的滿足感又是幸福無價的。白天在實驗室,如果有一個疏漏導致實驗失敗,這一天就像白過了。但孩子沒有一天白過,你看著她一點一點成長,會做的事情越來越多,一天都沒有白費,這給我莫大的鼓舞和安慰。

對於我的導師,我一直心懷感恩,感謝他在學業和生活中給予我的理解和支持。

懷著對新工作的憧憬,我畢業後準備前往GE總部所在地克里夫蘭(Cleveland)。我的美國學弟說了一句:「我好同情

你。」我當時不太明白他這話是什麼意思，到了克里夫蘭，感受到生活的落差後才醒悟。

畢業即工作，看似順利的道路背後未嘗沒有陷阱。在我奔赴克里夫蘭時，我只知道那將是我職業生涯開始的地方，但我對那裡幾乎一無所知。克里夫蘭作為五大湖區的重工業城市，曾經輝煌一時，但已經在以肉眼可見的速度衰退：工業蕭條、人口減少。直接的影響就是等我老公畢業追隨我而來的時候，可以選擇的就業機會寥寥無幾，我感覺他的人生被我拖累滿多的。不得已之下，我老公接受了在底特律的一份工作，我們開始週末夫妻的生活。

「美國教授所宣導的光應用概念，深深烙印在我腦中」

2008年我生下老二，美國的次貸危機爆發，等我休完產假回來工作，便遇上部門大裁員。機緣巧合下，上海的亞明照明正在物色海外科技人才，向我拋來橄欖枝。2009年，我和老公帶著一雙兒女回到上海。

上海亞明是中國第一家民族照明企業，GE則是全球第一的照明企業。我在美國GE任職的時候，如果有國內的同事過來出差，公司會事先提醒我們會把辦公桌收一收，電腦檔案、各種資料清理一下，因為只要涉及核心技術，公司對中國員工還是有所

保留,這讓我印象深刻。我覺得既然回國,就要到國營企業參與最核心的技術研發,這是我當時的認知。

那時我每天很早就起來趕車,穿著藍色工作服投身工作,跟著大家一起吃員工餐廳、一起加班。亞明的老闆是很有遠見的,當時集團請來美國加州大學戴維斯分校的教授,來培訓團隊的中高層,我全程擔任翻譯。美國教授所宣導的光應用概念,深深烙印在我腦中。以前我們做研發,都集中在光源方面的創新,比如材料的選擇、氣體的選擇,讓發光效率提高一點、顯色高一點,而這位美國教授是第一位告訴我光應用研發創新的人,比如什麼光適合什麼族群、適合什麼場所場景,這個理念給我很大的啟發。

當時亞明處於發展的小巔峰,部門主管也是野心勃勃,計畫成立亞明照明應用中心,想要做些有前瞻性和創新性的工作。我主動請纓,當仁不讓地接下重任,從概念設計到整個樓層的實驗室搭建、團隊招募營運,我從頭跟到尾,勞心勞力地就像對待自己的孩子一樣。

在那期間,我懷了老三,我和老公抱著丟掉工作的風險,迎接這個不期而至的小生命,好在主管都持包容和支持的態度,我只能以更投入的工作來回報這份善意。我常常在深夜一邊哄著孩子,一邊想著工作的事情。照明應用中心從無到有一點一點建立起來,在研發技術上,跟國內外的高等院校、研究機構合作研發;在光應用場景上,我們研發了家居、飯店、零售超市等不同

場景的照明應用方案。我們甚至還做了模擬道路、隧道實景的實驗室,進行很多有趣的研究。我似乎已經看到它欣欣向榮的未來,而且信心滿滿地帶著我們的研發成果和論文,參加巴黎舉辦的百年照明大會。

我把照明應用中心當作我事業上的小高峰,但作為研發人員,我沒能預見的市場變革正席捲而來。當時陶瓷金屬鹵素燈還被視為新一代的光源,亞明在這方面擁有很強的技術優勢,但還沒等它開花結果,就被LED燈的崛起衝擊得七零八落。

我對此渾然不知,直到我因為出國參加會議,申請差旅經費時遇阻,才意識到公司的境況已經大不如前。照明應用中心從專業定位上看是領先的,但同時跟公司的整體發展有斷層。當公司遭遇市場衝擊的時候,它的實力撐不起它的雄心了。

「我在沒人、沒錢、沒經驗的情況下創業了」

2013年,我被調到上海儀電集團成立中央研究院。當時這個中央研究院的定位很高,招了很多產業學術菁英,但是很多中央研究院的主管對於研究院的定位有各自的想法。我打開自己的會議筆記本,看到年初會議討論的事情,到了年終會議時還在討論,我渴望自己能投身到更高效的工作中。

2015年,李克強總理鼓勵大眾創業、萬眾創新,因此集團舉辦了第一屆員工創新創業大賽,請了很多產業專家、企業家,賽

制也弄得特別正式。我當時心裡正好有一些想法,就找研究院的夥伴一起,計畫了一個健康光項目,就是將智慧硬體與網路技術應用在母嬰親子市場上,為年輕父母量身打造一款集看護、寶寶睡眠管理記錄、陪伴寶寶成長於一體的智慧親子檯燈。

我是三個孩子的媽媽,自己帶孩子、哄孩子睡覺時,晚上有多辛苦自己最清楚。燈光對孩子的視覺、心理、情緒都有影響,床頭一盞燈,在白天、夜間的不同時段,用不同的光來適應人體的生理節律,有觸控開關切換和語音辨識控制;如果孩子哭了,還會觸發開燈,並把訊息傳到媽媽床邊;後台還可以記錄孩子的睡眠情況,我們把這個創業專案取名叫「時光」,一盞小夜燈承載了網路和家庭的科技想像。

我們這個專案從初賽到複賽一路過關斬將衝到決賽,拿到全場最佳人氣獎和最具投資潛力獎兩個大獎。當時評選專家裡有很多投資人都說:「這個項目我投了!」總之熱熱鬧鬧、真真假假,讓我暈頭轉向,開心得不得了。感覺終於找到我的起點,可以去做我認同了很久、鑽研了很久、壓抑了很久,也熱切了很久的事。

2016年我們進入全國總決賽,但也止步於此。比賽到這個階段,我突然覺得不對勁,我的精力好像都用來說故事和參加比賽了,產品還一直停留在概念階段,之前說要投資的公司也沒有什麼動靜,竟然如此那我就自己做。2017年1月17日,我註冊了公司。我想得很簡單,既然大家都覺得這個專案好、產品好,那我

趕緊把產品生產出來，大家都來買不就行了。於是我在沒人、沒錢、沒經驗的情況下創業了。

我和老公沒什麼積蓄，創業資金是我從親朋好友那裡募資的。當時有個創業導師看到我的商業計畫書，隨口說了一句：「你這個估值至少也要4000萬吧。」那我想，找朋友們投資要優惠一點，打個對折就用2000萬去估吧，20萬元一股。大家紛紛入股，把錢交給我，林林總總湊了2、3千萬。我現在想想，當年自己真是無知無畏，大家也盲目地信任我、跟著我，直到今天也沒有一句怨言。但這筆帳一直在我心裡，有點沉重。

「我的第一個正職員工是自己找上門的」

然後我就一頭栽進產品裡：找設計、找材料、找工廠、找模具，最花時間的是開模。一個外觀這麼簡潔、大大圓圓的燈罩，要求360度均勻無瑕出光，既要球面液體流線般完全均衡，又不能有明顯的灌澆點產生暗斑，從外觀設計到結構設計再到材料選型，一路摸索，到了開模階段，似乎成了不可能完成的任務。我從長三角一直找到珠三角，最後還是靠朋友推薦，找到一位技術出身、專做模具且同樣創業過的高手，才幫我把問題解決。

我的第一個正職員工是自己找上門的。2015年，我開了一個帳號分享一些親子育兒、生活創業的體會與感悟，而他算是我的粉絲。他曾在照明工廠裡工作過，看到我寫的創業啟航文章，就

主動找到我，說要跟我一起做。他對工廠比較熟悉，因為他的到來，我們的產品進程加速推展。

採購、供應、生產、品質……總之，我們用了整整一年的時間製作第一代產品，但直到那時我還是一點商業頭腦都沒有。我的老東家旗下有個共享空間，為了支持我創業，打算採購我的燈作為會議紀念品。會議臨近，他們一直問我產品出來沒有，不少朋友也在問產品推出了沒。這給我一個假象，以為我的產品一定賣得出去，大家都翹首期盼等著買呢！我讓大家等得太久了！為此，我還做了預購，如果大家多等一天，我就降價一塊。

等我忙完，完成第一批訂單交付，才發現好像不是那麼回事。傳說中，或者想像中「一傳十、十傳百」的口碑效應，壓根沒有到來，同時我發現第一代產品中還有不少小問題，我又一頭栽進產品改良中無法自拔。第二代、第三代……2017年，我們開發的產品獲得照明界的奧斯卡——阿拉丁神燈大獎。但我開始焦慮，因為我的錢快燒光了，第二代、第三代產品已經研發出來，但是不能安排量產，因為第一代的產品還在倉庫裡，還沒賣完。

有人建議說可以考慮代工生產，擴大規模。我心裡想說憑什麼？我出來創業，不就是為了創立自己的品牌嗎？為什麼要幫別人做代工？那時的我真的不懂做生意。

「創業第三年，我有了我的創業合夥人」

2018年，我像一條擱淺的魚，在淺灘裡掙扎。我曾經以為，只要產品做好、公司就好，但哪有這麼簡單。我之所以願意投入到產品研發中，是因為產品研發花多少錢、能做成多少事，我心裡有數；但說到銷售，行銷花多少錢能換來多少訂單，我完全沒概念。每當一些付費的行銷合作協議放在我面前，需要我簽字的時候，我提起筆卻下不了手，心裡不知道哪個地方卡住了。

周圍許多人都在給我建議，好像人人都是專家，我也很謙卑地聽著，但聽完還是一頭霧水、一籌莫展。

轉機出現在2019年。我參加嘉興的一個創業大賽並獲獎，如果公司在嘉興營運，政府會有補貼，這對我來說是救命錢。我找到一位嘉興的老朋友，向他諮詢當地的扶持政策、經商環境，他帶我去拜各種「碼頭」，聽我向政府機關、創業園區講述我的創業專案，聽著聽著他心動了，說不如我們一起做。他說他願意成就我，他覺得我是一個需要被成就的人。於是，創業第三年，我有了我的創業合夥人。他小我8歲，但在心態和閱歷上都比我成熟，他像海綿般包容性非常強，彌補了我在商務上的缺點。

我們在合夥的前半年互相交換各自的資源，一起尋找發展出路。當時國家重視青少年的近視問題，於是我們就嘗試去開發教室的照明系統。我們結識嘉興一所私立學校的校長，他是一位真心關心孩子成長的好校長，願意成為首位嘗試的客戶，把他們整

個學校的智慧教室燈光改造都交給我們做。當然,我們也拿出最大的誠意去做這個案子。我們的報價比別人高,但我們為學校免費做了一個示範教室,安裝我們的智慧教室燈光照明系統,並拿出協力廠商專業機構的測試評估報告,一個指標一個指標來比照,說明示範教室的智慧照明與普通照明有何區別。真實的數據擺在眼前,比什麼都有說服力,校方很買帳。

專案完成後,上海照明電器行業協會還頒了塊牌匾給學校,寫著「國內首家實地落在學校裡的5A標準示範教室」,我也全程參與這個標準的制定。

「沒有創業,你就不會知道自己有多少不擅長的事」

這個案子給了我很大的信心。那麼多年的求學讀書、研究深造、產品研發,在我心裡逐漸形成一個智慧情景照明的概念,情景的五要素是人、時、空、事、情,也就是說什麼樣的人,在什麼樣的時間,什麼樣的地點,做什麼樣的事,想要表達怎樣的情緒。智慧情景照明關注燈光對人的視覺、生理及心理的影響,針對全世界各種不同的應用情景,融合科學技術與人文藝術的智慧,提供從設計到落實的專業化、個人化「健康光+網路」整體解決方案,可以說它在各個面向都有很大的施展空間。私立學校智慧教室照明的案例,驗證了我這個概念的可行性,讓它看得見

也摸得著了。

但是後來我們發現,這個私立學校的專案不可複製。因為想要獲得教育系統的政府採購,我們這種小型企業不佔優勢,但從私立學校專案開始,我們確立了我們的創業定位和策略,那就是「高高山頂立,深深海底行」。我們擁有一個很領先的、獨一無二的概念,但我們不能把它放在實驗室裡,要放在五花八門的應用情景裡,比如家居、辦公、景觀、圖書館等,開創跨技術領域、無地域邊界的開放式實驗室;透過科學測試和主觀體驗,真正整合健康光的研究與應用。

創業前,我以為我自己能做的事情才算公司能做;創業後,我明白我需要調動自己最核心的能量,用四兩撥千斤的巧勁串連一群人,讓公司做出一個人做不到的事情,創業不是超人才能做的事情。不創業,你就不會知道自己有多少不擅長的事情。但這麼多不擅長的事情,也不是靠一個人就能夠彌補。創業終究是一群人的事情,不是一個人的事情。我的家人、合夥人以及團隊,還有我的供應商和上下游合作夥伴,這些人聚集在一起,才是我的創業大軍。

比如我從合夥人身上學到很多,他比我樂觀、比我平和。同一件事情,我覺得沒有成功,他卻覺得成功了,我們對「成功」的定義不一樣,他覺得事情只要往前走就是成功。有些案子依我的個性早就放棄了,但他卻堅持完成;有些客戶我覺得好過分,想躲得遠遠的,他卻很坦然,被客戶牽著走就牽著走吧,化衝突

於無形,還和客戶變成朋友。因為他明白,有時候客戶要看到的不僅僅是你的能力,更要看到你的態度。

「我在重新定義一個古老的行業,讓它變得很高級、很性感」

我原先對商業的理解非常淺薄:一群專業的人透過服務一群不專業的人來賺錢。那我拿出我最專業的部分去創業,不就可以了嗎?但事實上,創業的複雜度超出我的認知和想像。因為你的專業不是獨一無二的,如果我是世界上唯一一個做燈具的話也許可以,但現實是有那麼多人都在做,又只有那麼少的人知道你,靠什麼和憑什麼讓別人在那麼多的選擇中找到你呢?這個機率太低了。

開始創業時,我以為做好產品就萬事大吉,一傳十、十傳百、百傳千,一個燈具賺40元,1000個就是4萬元,簡直太容易了。但真相是,口碑傳播不是遞增效應,而是遞減效應。哪裡有一傳十,能有十傳一就不錯了。

創業的時候,有各種聲音在我耳邊縈繞,我一邊豎起耳朵聽、一邊放在心裡。只有我才深知自己的長處在哪裡、短處在哪裡,哪些是不肯放棄的,哪些是不願承受的,哪些是可有可無的。要不斷定期檢討,想清楚這些事情,才能把自己的界線畫好。如果內心沒有堅守的東西,隨便遇到外面的事情、碰到外面

的人、聽到外面的話，內心就飄來蕩去，心態會容易崩潰。

創業之前我很少跟人說我是3個孩子的媽媽，因為感覺在職場裡會顯得沒有事業心，容易被歧視、會被扣分。但是當我在跟客戶展示介紹的時候，我第一次很驕傲地跟大家說我是3個孩子的媽媽，我推出的第一款產品智慧小夜燈，就是三寶媽的傑作。我的3個孩子深度參與到我的創業中，大女兒一直給我支持鼓勵並出謀劃策；兒子經常鞭策我，發出「無情」的靈魂拷問，說：「你這個賣出去了嗎？賣了多少錢？」小女兒會覺得親眼看見一個東西從圖稿到產品的過程很有趣、很神奇。

2021年，我們在應用情景上做了更多的實際嘗試，原本打算在2022年邁上大臺階，但由於疫情影響，所有上海專案全部被中止。好在我們在嘉興還有公司和團隊，接了一些當地的專案維持生計。希望接下來這兩年能把過去耽誤的進度補回來，迎來轉機和發展，幫我們的團隊加薪。

我承認直到現在，我對創業的認知還遠遠不夠。如何提升公司的獲利能力一直是我們的首要課題。一方面，我們在盡可能讓「健康光+」的概念在不同場景的專案中實現；另一方面，從設計端到施工端，我們也在加強兩端的服務能力，從商業邏輯往上下游滲透，把我們的優勢發揮出來，成熟一段再延展一段，一步一步來。

我在重新定義一個古老的行業，讓它變成一個很高級、很性感的東西，我覺得這項事業值得我這一生都與它綁定。

探訪手記

　　我採訪創業者時，最好奇的問題就是他們是如何堅持下來的？他們內心的強大力量來自哪裡？後來我發現，能堅持下來的不見得就是創業最順風順水的那個，也不見得是獲得最大回報最高的那個，而是擁有一套自己的支援系統的那個。美國物理學博士，三個孩子的媽，在「三無」狀態下創業，要重新定義一個古老的行業，讓它更高級、更性感……每一個標籤都代表了一個挑戰，但她堅持下來了，而且樂此不疲，因為她有一套自己的支援系統。

（要華口述實錄完稿時間：2023 年春）

殷皓

1981 年生屬雞

- 雙魚座
- 江蘇蘇州人

「創業路上，
我打的是持久戰

從事行業：寵物店

年銷售額：數百萬元

創業時間：19 年

創業資金：10 萬元

「在老媽和老婆的鼓勵之下，我被動創業了」

我從小是個聽話的孩子，除了成績不好其他都好，沒什麼喜歡的也沒什麼不喜歡的，總之好像沒什麼自己的想法。我父親是個非常保守的英文老師，我媽媽反而想法很前衛，1980年代就有創業的念頭，想開水果店，但是父親不同意。

回想起來，我一直被動接受生活的安排。直到2001年，我交了女朋友，也就是現在的老婆，像打開新世界的大門，這世界上居然還有這種人！跟我完全不一樣。她雷厲風行，什麼事情都不管三七二十一先做再說，非常豁得出去。我一件事情翻來覆去猶豫不絕，遲遲不見動靜，但她一下就決定好了，跟我完全相反。

我是唸外貿英文系，2004年大學畢業，覺得沒有什麼理想的工作可做，在媽媽和老婆的鼓勵之下，我被動創業了——在社區開了家寵物店。媽媽拿出40萬元的積蓄作為創業資金，租了個店面，簡單裝潢一下，就這麼開幕了。我不像是當老闆，更像是在店裡打工的。我當時也根本不知道，開家寵物店到底需要什麼能力。

記得第一位客戶進來，要求幫狗狗剪毛。我脫口而出：「狗狗還要剪毛嗎？」我媽媽趕緊出來打圓場：「你好！我們提供剪毛服務，但是員工還在培訓，歡迎晚幾天再來。」我默默打開Goole搜尋「寵物剪毛」，搜尋結果顯示珠海有個地方在教這項技術。我就生平第一次買機票、第一次坐飛機出遠門。

去機場還鬧了笑話，幫我訂機票的朋友囑咐我，要提前兩個小時到機場，再留半小時登機。我乖乖地提前兩個小時到機場，乖乖地等到還有半小時起飛時去登機口登機，結果不讓我上飛機，說機艙門已關閉⋯⋯我只好現場改機票。到了珠海，所謂教授寵物剪毛技術的地方，像個養雞場，我在那裡鏟了幾個月的狗屎。

「我以為日進斗金的日子指日可待，可是一年內就把貸款虧光了」

「學成歸來」的第5天，我們寵物店做出第一筆訂單──賣掉一個100元的蝴蝶結。我好開心，請全家大吃一頓，然後就沒有然後了，一連好幾個月都沒有什麼生意。我這才注意到，我們選的店面門口緊鄰一個水塘工地，地理和交通位置都不佳。我們第一年虧了不少錢，第二年好歹賺回了房租，沒虧也沒賺，算是白忙一場。一直到2007年，客戶的口碑慢慢累積，賺了點錢，一個月其實也就賺2、3萬元，我開始得意忘形，想著開分店。

當時打的算盤很簡單，一家店一個月能淨賺2、3萬元，那我多開幾家店，日進斗金的日子豈不是指日可待。於是老爸老媽抵押房子，貸款200萬元幫我開分店。其實當時沒算清楚怎麼回本，一年就把貸款虧光了，盲目開張的新店只好收掉。

「我媽常說彎扁擔不會斷」

開店容易守店難，創業前10年，不下3次都想不做了。沒有節假日和休息日，我們開寵物店打理的也不是商品，是活著的小貓小狗，不可能上架一擺、大門一關，就放心下班回家。我連年夜飯也沒安心吃過幾次，店裡各種雜事都要打理。如果一不小心爆發一場傳染病，可能累積兩年的積蓄都要賠進去。

有次寄養在我們店裡的狗狗掙脫繩子跑丟了，我被狗主人指著鼻子罵。最難熬的時候生意慘澹，辛辛苦苦日夜操勞，賺不到錢、交不出房租，還要想辦法東拼西湊往店裡貼錢補虧損。可能因為我沒有上過一天班，沒見過別人瀟灑的日子是怎麼過的，再加上我老媽和老婆都是不信邪、不服輸的個性，所以我也就這麼一天又一天、一年又一年撐下來了。

我媽常說，彎扁擔不會斷。

我不聰明，對創業一點概念也沒有，半路出家開了寵物店，別無所長，也許就只有耐心好、願意花時間。在肯花時間這件事上，聰明的人沒有優勢，聰明的人講究投入產出，講究效率效益，所以寵物店這個生意，起碼先把聰明人排除在外，因為聰明人的機會成本太高。

「我們的競爭力不是主動選擇的結果，是誤打誤撞」

我的機會成本低，耐心守在這裡苦撐，用更長的時間換取戰略上的縱深。我也會回想我是怎麼「活下來」的，老實說我們後來的競爭力也不是主動選擇的結果，而是誤打誤撞。剛開始沒經驗，連從哪裡進貨都不知道，聽說上海有很大的花鳥市場，我們就從那裡進貨，因為別的資訊和管道我也不知道。

當年我們本地開寵物店的，大部分是從常州進貨，量大價廉但品質不好，一把梳子批發價10、20元，零售價40元。我從上海進貨，一把梳子的進貨價就要60元，我的進貨價比別人的零售價還貴，但品質和品質確實好。因為我是外行，只會一股腦從上海進貨，陰錯陽差形成自己獨特的定位。

我的寵物店開在蘇州新區，有很多日資、台資企業，大批公司白領和高階主管對寵物用品、食品的品質要求很高，久而久之，我的店累積了一大批忠實的中高端客戶，有的還成了多年的朋友。

好景不長，到了2010年打擊來了——電商興起，淘寶分走了很多生意。我們被迫尋求轉型，拓展寵物精品美容業務。我和老婆把該學、能學的相關寵物服務技能都學了：寵物美容、寵物養護、寵物行為學等等。我們主營寵物食品、用品零售，輔以寵物銷售和服務。

「寵物生意不是只做一次,要用十多年的時間看待這門生意」

剛開始時,寵物市場規模不大,客訂單量少,所以競爭也小。我們請不起人,凡事都是我和家人親力親為,天天跟「屎尿屁」打交道。大概到2012年,我明顯感覺寵物市場發展起來了,幾乎每條街都有兩、三家寵物店。市場大,競爭也變得激烈,大家開始打價格戰。客訂單變多,但我們還是賺不到錢,一年忙到頭,活不好也死不了,我也幾乎認命。

能硬撐這麼多年,還有一個原因,可能就是對這些小動物有感情。早幾年,有客戶本來想買治關節的藥給狗狗,400多塊一瓶,嫌貴不想買。我心疼狗狗主動打折賣,虧點錢也賣,因為不忍心讓狗狗受罪。幫寵物洗澡,看到寵物有皮膚瘙癢的情況,我會偷偷用點藥,不額外收錢,所以大家遛狗的時候紛紛說,在我家給寵物洗澡效果最好,一傳十、十傳百,生意火爆,天天排隊忙不過來。

我覺得寵物生意不是只做一次,寵物是一條條生命,牠們伴隨主人十幾年,要用十幾年的眼界看待這門生意,信任是首要前提。我們開寵物店,手中似乎有能力讓一條生命死或生,所以要有敬畏之心和善待之心,否則這裡面的道德風險太大了。

中間有個插曲。2009年,我們在雙方父母的資助下付了頭期款,在蘇州買房,一年後賣掉淨賺240萬元。這個意外經歷讓我

似乎開了竅,一買一賣、再一賣一買,小房換大房。到2015年,我們有了一套180平方公尺帶院子的大房子,還滿值錢的。

「我們因為沒算清楚帳,邁出創業史上最大膽的一步」

有一年我去日本旅遊,看到開在購物中心的寵物店優雅時尚,心裡豔羨不已,但也會想這得承擔多高的成本啊。所以,羨慕歸羨慕,我從沒想過自己能有機會把寵物店開到購物中心裡。

2017年機會找上門。蘇州中心招商,想找我聊聊。我當時在蘇州開的寵物店也算有一定的名氣。心想,聊聊就聊聊,聊聊又不用錢。一聊嚇一跳,招商租金非常貴,但地段、環境真的非常好。我常年在社區裡開寵物店,調性根本不一樣,可以說是「髒亂差吵」。蘇州中心招商把我連想都不敢想的夢想勾起來了——在購物中心開一家像咖啡店一樣有品位的寵物店。我陷入長達一周的天人交戰,整整好幾天都睡不著覺。到底要不要做?做,沒膽量;不做,不甘心。好糾結啊。

我們計算了一下,要買下蘇州中心的店面,起碼要投進1200萬,我們剛好有一套大房子,可以拿去抵押。我老婆很支持,說如果做不成,大不了住父母家。還有一個助力,就是我們兩人數學都不好,帳沒搞清楚——我們以為大概做到每月120萬元的營業額就可以保本(後來現實告訴我們,這些營業額遠遠不夠),

想一想，爭取一下也不是不可能。

所以，我們因為沒搞清楚帳務內容，邁出創業史上最大膽的一步。我們把寵物店開在蘇州中心，而且一下子租下300平方公尺的場地。如果當初我們能把帳算清楚，得知開店起碼要做到那麼高的營業額的話，就不敢做了。

「在成為經營者之前，我首先是消費者」

也許是因為幸運，2017年電商競爭非常激烈，人們對實體門市的需求開始復興，我們的營業額從一點點的30萬到5、60萬，又爬升到100多萬。這裡面其實沒什麼訣竅，我覺得在成為經營者之前，我首先是消費者，所以那麼多年來，我的選品邏輯一直是選消費者想買的，而不是商家想賣的。道理很簡單，不能賣連你自己都不想買的東西。所謂高毛利的產品只是聽起來誘人，但賣不掉；即便賣掉，也不可能長久，所以是個偽命題。我一直牢記我的主業是在做零售，做零售就要控制自己的欲望。

我去參加產業高峰會，想學習一下同行的經驗，不參加不知道，能把門市營業額做到400萬元的已經很厲害了，能做到80萬元的都很少。別人紛紛問我的核心競爭力是什麼，我想了想，只能說運氣好。

疫情剛開始的時候，實體門市生意不能做，我們及時上了外賣平台，彌補一些業績，最高時線上能做到40萬的業績。到月

底,供應商的帳期到了,要結算貨款,帳上沒錢,我的員工主動借錢給公司,把供應商的帳還清再說。兵來將擋,水來土掩,辦法總比困難多。雖然疫情一度讓我們生意陷入困境,到了要向員工借錢的地步,但仔細想困境是暫時的,客戶的需求並沒有消失,所以我心裡不慌。

「別人不願意做、做不了的事才能成為護城河」

疫情促使我下決心融資,以便對抗疫情這類不確定的風險,並提高行業壁壘。很幸運地融資過程很順利,投資方本身對連鎖直營就有非常豐富的成功經驗,而且我們雙方對未來的理解和願景非常相像,談兩三輪就敲定了。到目前為止,投資方一直保持著「只幫忙不插手」的定位。

拿到融資,最重要的事情就是搭建我的護城河。目前有一種風潮,宣導輕運營、輕資產,讓商業模式很「輕」,似乎顯得很高明、有「錢」景,代表一種競爭力。所以零售業流行品牌授權加盟模式,雲端倉儲外包,投入少、變現快、回報高,總之越「輕」越好。但我不這樣認為,我覺得越「輕」越弱。別人不願意做、做不了的事才能成為護城河,「輕」根本不是競爭力。所以我願意花幾百萬,建立我們的系統,在稀缺地段拓展直營門市,掌握一手最優質的供應商管道,完善供應鏈。這些都很「重」也很難,但我做事只看對不對,不看難不難。夢想的代價

都很高昂，否則怎麼稱得上夢想呢？

在蘇州，我們把生意做到天花板般的高度，開始考慮升級突破。把店開到常州、無錫？那只能叫下沉不叫升級，升級會讓人很自然會想到上海。2019年的資料顯示，全國寵物市場有43%在華東，華東最大的市場在上海，幾乎所有品牌的總部都在上海，沒有比上海更能實現升級突破的地方了。

從決定去上海開店到最後實踐，我們花了一年的時間。一開始，商場物業方根本聽不懂我們在說什麼。寵物店要開這麼大？是不是融資燒錢的玩法？你做零售的怎麼能跟線上競爭，要這麼大的地方幹嘛？總之，都覺得我們不可靠。我心想，全家便利商店賣的東西，哪一個線上沒有？人家不也是門市眾多，活得好好的？

直到碰到虹口凱德購物中心招商，因為凱德瞭解我們在蘇州中心門市的情況，事情出現轉機。我也專門到實地考察，周圍社區、公園、綠化帶都去看過。我看到小河邊、花壇角、電線桿下到處都有狗尿，就放心了。我們租下1200平方公尺的店面，然後就開始到處宣傳，周圍全是老社區，正規物業少，養寵物的叔叔阿姨非常多，資訊傳播非常高效。開業當天，生意就非常火爆。

我和老婆住在旁邊的商務飯店，一住好多天。

「模仿別人並不會成功」

我的初創團隊或許在外人眼裡只是一般路人。我不相信學歷、背景、智商那一套，零售是那種即使是普通人努力也可以改變命運的產業，即使到現在我還認為我們處在創業初期。而在初期階段衡量員工價值，意願的權重大於能力，因為有好的意願可以獲得好的能力，激發意願比培養能力更重要。

我沒上過班，自己當老闆、帶團隊，也是一點一點摸索。一開始連開例會都不會，簡直像在扮家家酒。別的公司會開例會，那我們也照樣畫葫蘆開例會。我總覺得哪裡不對，但也說不上來哪裡不對，開會怎麼開成這個樣子？那應該是什麼樣子呢？不知道。問員工，你們以前的公司為什麼要開會？他們也說不上來。還有什麼審核流程，有的員工說他以前的公司有這樣那樣的審核流程，但審核流程是幹嘛用的？還是答不上來，搞得我也很崩潰。

模仿別人不會成功，想靠模仿別人走向成功，不可能！不可能有捷徑可走！所以我覺得，做人最重要的是不能自己騙自己，不能好像裝著在做一件事，但不知道為什麼要做。腦袋裡一定要想清楚：目標是什麼，問題是什麼，對策是什麼。自己的公司面臨什麼問題，該用什麼方式管理，只能自己摸索和弄懂，沒有現成的方法可以複製。

我始終把自己公司定位在零售業。零售業的業務鏈很長，要

想穩定經營，就要長期耕耘營運系統，把複雜的業務一點點拆解到夠細夠小，才能做好。公司大、人員多，就要追求一致性，大家一致了才能往前走。而越聰明的人越難達成共識，因為他們都覺得自己對。聰明人也更傾向追求完美，不完美就焦慮，而太容易焦慮的人也做不好零售，因為零售業每天面對的問題，大部分都是不確定、不可控的。所以，在組建團隊方面，我會更注重員工和職位的相符程度，喜歡把員工培養成能解決問題的人才團隊。

懂得欣賞別人的長處，才能長期相處。如果看自己永遠是優點，看別人永遠是缺點，那就麻煩了。英雄不問出處，學歷可能決定一個人的下限，但決定不了一個人的上限。說到底，零售業商業變現的本質是解決問題，而不是產生問題。只有捕捉到客戶的需求，設身處地理解他們的需求，想方設法解決他們的需求，交易才能產生和達成。門市零售非常考驗人的同情心和同理心。

「讓客戶開心是很重要的事情」

我從小身體不好，經常被人欺負，因為體會過被人欺負的滋味，就愈覺得不能欺負別人。我的生存方式好像就是迎合他人，如果讓別人不開心，我自己就會先不開心。

在我心裡，客戶體驗比做生意更重要。我們新店開幕，策劃贈送禮品的活動，引來一大波人來貪小便宜，怎麼辦呢？明明知

道是來貪小便宜的。我的態度是：哪怕是來貪小便宜，也要讓人家貪得開心。讓客戶開心是很重要的事情，我沒有什麼賺大錢的目標，始終相信在零售業，信任是銷售的前提。

在寵物業，通常寵物一旦售出就不能退回，因為寵物不是一般貨物而是生命，但我們也不想貓咪和小狗生活在不愛牠們的主人那裡。所以有時遇到堅持要退回的，我們就自己收編。現在我們蘇州的家裡有4隻狗和2隻貓，還有一排骨灰盒，那些是曾經陪伴過我們，我們負責養老送終的毛孩們。

「我們所有工作都是在為第一線服務」

我和老婆的分工是老婆負責第一線的門市、商品、市場和經營，我負責人事、財務、物流、倉儲、工程、IT等二線部門。我會把做二線的人放到第一線工作體驗一個月，讓後台的人做做收銀、客服的工作，讓二線的人理解一線的人每天在做什麼，讓團隊認識到我們所有工作都是在為一線服務。插著腰挑毛病是最容易的，但讓二線到一線，不是讓他們來找碴的，是來親身感受第一線的痛點和難處。只有近距離遇到這些困難，才能更妥善地提供後台的服務支援。

我覺得夫妻一起創業是優勢，因為一天24小時都在一起，半夜想到什麼事可以隨時開會、隨時討論。我不能想像，夫妻兩人如果一個創業、一個上班或全職帶小孩，這樣的生活能堅持多

久。不創業的那個難免會想：對方不回家，錢也沒拿回家，不知道整天都在做什麼。有誰能真正理解創業者的艱辛，所以猜忌和質疑不可避免。夫妻倆一起創業，步調一致，是最好的創業搭檔，不然其中一方創業，很有可能要嘛創業失敗，要不夫妻離散。

「這個賽道，機會主義者註定沒辦法生存」

我一直覺得自己沒那麼重要。父母需要我是什麼、老婆需要我是什麼、公司需要我是什麼，我就是什麼。後來上葉斌老師的課，他對我提出靈魂拷問：「如果這樣的話，你自己在哪裡？」這個問題我想了很久，終於想通了：讓世界變得更美好這件事，對我很重要。我的使命就是讓寵物零售這個產業變得更美好。

人是群居動物，對關係的渴望和期待是根深蒂固的本能，所以我對寵物市場的未來有很強的信心。在中國，能把寵物店開到10家以上的公司屈指可數，而美國把寵物店開到上千間門市的有三、四家公司。我對這個產業有很高的期許，同時也有足夠的耐心去慢慢完成。如果這個事情明天才能解決，今天著急也沒用，那就等明天好了，反正死不了人；如果這個事情需要5年、10年才能解決，那著急更沒用，正視它就好，拿出5年、10年的耐心去對待。當你知道你是在長跑，就不在乎一分一秒的得失了。只要不死就還有明天，這樣壓力和焦慮就會少很多。

有一陣子，大家都說寵物市場的機會來了，我焦慮了一陣子。但觀察之後，聽那些剛剛跳入寵物賽道的說要兩年就回本⋯⋯我就一點也不焦慮了。這個賽道不是賺快錢的，拚的是誰更能熬。我沒有其他優勢，就是擅長苦撐，撐了十幾年，獲得經驗和優勢，也磨出耐心和信心。我會繼續撐下去，我不怕打仗，尤其是打持久戰。我相信，在這個賽道上，機會主義者註定沒辦法生存。

採訪手記

　　殷皓身上有種又老實又酷的混合氣質，非常有趣的一個人。他的創業故事好像是一路「囧」途的喜劇，前十年簡直是創業成功的反向操作指南，跌跌撞撞、險象環生，但一路堅持到底，竟然獲得一片天。他說：「在肯花時間這件事情上，聰明人有短板，因為聰明人的機會成本太高。」我竟無力反駁。我結束採訪後在他開的寵物超市逛了一圈，不由自主買了一大堆寵物用品，由衷感歎，當個寵物真好啊！他隨口說家裡放著一排骨灰盒，是他和老婆養老送終的毛孩們。這個畫面我沒見過，但這句話讓我相信，把寵物當人看的人，才能在寵物賽道上勝出。

（殷皓口述實錄完稿時間：2022 年春）

李晴

1973 年生屬牛

- 金牛座
- 江蘇鹽城人

誠信和善意是我的護身符

從事行業：物流倉儲

年銷售額：6000 萬元 +

創業時間：19 年

創業資金：20 萬元

我們每個人都是一本書，說起過去走過的路，三天三夜也講不完。我的故事要從高中講起，高中之前我是個無憂無慮的小女生，喜歡文學詩歌，還會跟著收音機學日語，對未來也有很多期待和夢想，爸爸媽媽都很寵我。爸爸是家中支柱，送我上課、到校報到、整理宿舍……事事幫我打理好，完全不用我擔心。天塌下來，有爸爸頂著。

　　但讀高中的時候，爸爸病倒了，天也塌了。

「不到三年，我為家人在鎮上買了間房」

　　我是家中長女，下面還有個16歲的妹妹和12歲的弟弟。無奈之下我選擇輟學，幫媽媽一起扛起這個家。鎮上有間絲綢工廠，家裡透過關係把我安排進去做抽絲工，為此還湊了3000元的進廠押金。

　　車間裡有很多人，一人一台機器、一個大鍋子，藥水泡著蠶繭，熱氣騰騰。手泡在熱鍋裡抽絲，每天做10個小時，天天加班。時間久後，我的十根手指都泡爛了，手指縫的血肉沾黏在一起，張不開、伸不直，痛徹心扉，但我只能咬牙堅持，多少人想進來工作還進不來。

　　從家裡到工廠有五、六公里的路，中間會經過一片墳地，天空細雨濛濛，地上坑坑洞洞，我騎著破腳踏車上夜班，黑漆漆的夜晚，風呼呼地刮，心裡發毛但不敢停，硬著頭皮一路往前。第

一個月試用期拿到320元的薪水，200元交給媽媽，120元給自己買一件綠色外套，我留到現在，那是我賺的第一筆血汗錢。

但我知道這不是我想要的生活，我每個月拚死拚活，賺的薪水對巨額醫藥費來說根本杯水車薪。我媽媽雖然不識字，但非常有遠見。她說荒年餓不死手藝人，在家裡最困難的時候，她花了6000元買了台編織機，送我到鄰鎮拜師學編織，不去絲綢工廠工作了。鄉鎮官員知道我家情況，不僅退還3000元押金，還把我家列為困難家庭，發了400多元的補助。多少年過去後，每每想起此事，還覺得感動和溫暖。

我帶著學費、糧草到師父家，50平方公尺的店面，晚上在中間拉個布簾，裡面架一張折疊床，就是我睡覺的地方。我是新來的菜鳥，還不能上機操作，洗衣煮飯什麼工作都做，空閒時站在機器旁幫忙，偷看老學徒們都是怎麼做的，默默記在心裡。很奇怪，我到那裡的第一個月，師父就讓我保管錢財。每天賣貨、發貨，生意好的時候，左右口袋塞滿錢。我在中午吃飯的休息時間清點整理好，下午繼續收錢，晚上再盤點一遍，從沒有差錯。師父說我心裡有數，做事有根。我知道是師父信任我，肯給我機會。

通常學徒半年後才能獨立操作機器，但我只學了3個月，一件衣服都沒做出來。過年回家時，看到家裡很灰暗，心裡很不是滋味，媽媽一個人撐著，又要料理家務又要陪爸爸看病，弟弟妹妹還那麼小，我不能離開家裡。師父其實捨不得我走，但我必須

回家。

　　回到家，我就壯著膽子在編織機上操作，摸索著做出第一件衣服，竟然做成了。鄰居看到當場就買走，後來一傳十、十傳百，鄰村、外鄉的都找過來。上衣20元，褲子12元，一天能賺50幾元的手工費。就這樣在家做了3個月，期間爸爸手術很成功，病情控制住了，我就想在鎮上租個店面，把生意做大。爸媽聽了覺得怎麼可能，一個小女生在街上開店，外面那麼亂，遇到流氓怎麼辦？幸運的是，鎮上的姑媽幫我找到一家店面，房東是鄉公所的官員，可以幫我免除一些不良干擾。30平方公尺，240元一個月，早上8點開門，一直做到凌晨一點，我不停站在機器旁編織，縫紉的時候才能坐下來，就算是休息了。

　　開張了兩個月，我拿20000元回家。第二個月就有徒弟找上門，她們的年紀都比我大，我前後帶了30多個徒弟。當那些年紀比我大的徒弟口口聲聲喊「師父」的時候，我真的有點不好意思。

　　人們生活水準高了，我編織的毛線價格也水漲船高，從混紡羊毛、喀什米爾，再到純羊毛、純純羊絨，加工費也提高，賣線、加工到銷售一條龍服務。

　　不到3年，我在鎮上買了房子給家人，上下兩層樓，經濟情況整個扭轉了。

「一夜之間，日子從餘裕自在變成負債累累」

鎮上有個農機廠，年輕男生多，都喜歡到我們店裡來，因為紡織業女生多。我認識了現在的老公，並成家有了小孩。有一次我到外地進貨，當年流行一種磨砂鞋，我出主意說，要不進一些磨砂鞋回去賣。老公進了50雙鞋帶回鎮上，一下子被搶光，淨賺8000元，當時他一個月的薪水才1200塊。

老公決定辭職和我一起做生意，全家人反對，大家都不理解，在農機廠工作多好，別人擠破頭都擠不進，這麼好的鐵飯碗為何不要。

那時，各種服裝廠發展起來，各式各樣的羊毛衣五花八門，我們毛線加工的生意受到衝擊，必須另想出路。老公花了20000元學費，學開車、考駕照，隨後做起水產運輸的生意。開一輛水產車，車裡裝製氧機，把我們這裡的螃蟹、鱉等水產收上來，販運到上海、無錫、蘇州。那時還沒有高速公路，在國道上兩天來回一趟，非常辛苦。

那是1995年，水產運輸剛做3個月，有天半夜3點電話響了，和老公一同押車的姐夫告訴我出事了，出意外翻車了，我一下子六神無主。出事的地方離家100多公里，當時兒子才六、七個月大，我拿毯子把他裹起來，大半夜搭上一輛農用車，往出事的地方趕，一路顛簸而我的心也跟著顛簸，顛簸了一路，太陽高掛在天空才趕到。我看到老公遠遠看到我，向我們跑過來，我這才把

心放回肚裡。當時就想只要人沒事，留得青山在，不怕沒柴燒。

原來是前面的車輛變換車道沒打方向燈，我老公避讓不及車就翻了，人卡在下面出不來，滿滿一車水產撒了一地，公路邊上的小餐廳一個個聞訊趕來，瘋搶一空。一直到天快亮的時候，有輛大客車經過，好心的司機把乘客叫下來，大家一起把貨車抬起一點，老公才從下面脫身。

幸好人沒事，但一車價值80萬的水產全沒了。當年80萬對我們來說是個天文數字，日子一下子從風光無限變成負債累累。

「在我最困難的時候，那400元給了我信心和力量」

沒錢的日子真是度日如年，當時收購水產時還有些餘款沒結清，除夕前一天下午，幾位債主找上門，老公為找出路連過年都沒回家，只留我一個人獨自面對。人家也不知道我到底還不還得起，難免會說一些風涼話。我帶著孩子不停掉眼淚，也不敢承諾什麼時候可以還錢，人家的錢也是辛苦賺來的，這都要過年了，人家來要錢也是正常的。

大過年的，別人家都是買魚買肉，我什麼都沒買，當時在場的一位年長債主幫我解了圍，說年後初二再來看看，現在逼我也沒用，就這樣大家才離開。他們離開以後，我抱著不到一歲的孩子，心裡是說不出的滋味。這時老公的姑媽路過我家門口，進來

看到我們家裡過年什麼都沒有準備，也感覺到我們的困難，就拿出400元給我，說過年了，去買點年貨，給孩子歡歡喜喜過個年。也許對她來說那400元不算什麼，但給了我溫暖和力量，我終生難忘。去年我們特意把已經70幾歲的姑媽接到上海住幾天，帶她去外灘、去坐遊輪，去五星級飯店品嘗最好的美食。姑媽說早就忘了那400元的事，可是我永遠不會忘記。

人沒窮過，根本體會不到那是什麼滋味！我一直覺得，人可以死但不能窮，更不能欠錢，信譽比我的命還重要。當時走在路上，遠遠看到債主，恨不得找個洞鑽進去。羊毛店的生意在衰退，我要另想辦法賺錢還債，當時只有一個念頭：哪怕付出生命代價也要維護父親的尊嚴。父親一輩子為人誠信、說一不二，所以人家都信任父親，在我們需要錢的時候，看在父親的面子上毫無顧忌地把錢借給我們，我們一定要堅守誠信、說話算數！

「我們一家在上海的生活，是從賣菜開始的」

那時每年冬天，在外打工的人都要回家過年，但搭不到大眾交通運輸。我看到好多人大包小包的，幾天幾夜買不到車票，滯留在車站。我就想做春運的生意，但沒本錢，求爸爸幫我借錢，實在是走投無路，只能硬著頭皮去借。最終借到5000元，我們就去找車申請資格。我們什麼都沒有，除夕夜我老公在無錫一個部隊長官家門口蹲守了一夜，沒吃也沒喝。大年初一，長官一開

門，看他還坐在門口，就對他說：「先付6000元押金，明天押車。」終於承包到了一輛部隊的長途客車，我在家等消息，一接到老公的電話，就立刻掛牌賣票，240元一張票，鹽城到無錫，一眨眼的工夫，票全搶光了。後來部隊長官看到我們做事可靠，又承包給我們一輛車。一趟春運，我們淨賺12萬元。

但春運一年只有20幾天，不短也不長。1997年，我隻身來到上海投靠親友、尋找出路。原本打算開個小餐廳，看中了彭浦新村保德路臨汾路口的店面，一問年租48萬，一次付三個月租金加一個月押金，直接打消這個念頭，我根本沒有辦法湊到經營的本錢。表哥開著車帶我路過臨汾路菜市場，我看到這裡正在招商，一個攤位費6000元，我租下兩個攤位。表哥當時就很詫異說：「你頭腦壞掉了？」但我心裡知道，這是我在上海唯一碰得到的機會了。開餐廳的年租要10幾萬元，我掏不出來，但是菜市場6000元的攤位費，借也能湊出來。這當然不是我想要的，但為了生存、為了還錢，只能先落腳。

收拾妥當後，老公和孩子都一起過來了。我們一家在上海的生活，從賣菜開始。

老公踩著三輪車進貨，我在菜市場賣菜，起早貪黑賺不到什麼錢。一天賺個120元，不小心被開罰單，一天賺的錢就沒了。我至今記得，有次又碰到開罰單，我坐在馬路邊，眼淚嘩嘩地流出來，心想不能再這樣下去。

我們嘗試轉型做批發，供貨給餐廳、飯店、菜販，利潤低但

訂量大。半夜從農貿市場批發來一整車貨分發，白天就做零售。整整一年，我每天睡覺的時間從來沒有超過3個小時，天天如此。有一次實在太累了，老公看到我坐在批發市場的一個角落裡睡著了，周圍全是爛菜葉子，亂糟糟、臭烘烘，但我就靠在那裡睡著了，老公非常心疼。20幾年過去，每每想到這些，我們還是會感慨萬千。

靠自己的雙手踏踏實實賺的錢，再苦再累心裡也很滿足。每隔10天存下20000元，我就跑到郵局把錢轉回家，讓爸爸幫我去還欠人家的錢，一年多下來，欠的債一點一點還清了。

1999年，我們買了兩輛貨車在長三角一帶做運輸，什麼工作都接、什麼貨都載，慢慢累積了一點客戶和口碑。

「客戶是我的救星」

2004年，我們正式註冊成立上海軒葉物流公司，名字裡有個「葉」字，就是希望生意能枝繁葉茂。在南大路租了間100平方公尺的辦公室，公司就開張了。一開始什麼業務都沒有，每天虧錢。房租、員工、營運……需要花錢的地方到處都是，早知道是這樣就不開公司了，我那時沒經驗，公司怎麼運轉？員工怎麼管理？客戶怎麼找？全要一點一點學，一天一天苦撐。

2005年，情況有了轉機。我的一個老客戶知道我們夫妻倆可靠，就把一家大跨國公司客戶介紹給我們。但跨國公司通常傾向

找跨國公司合作，因此我們要跟一家大物流公司競標。他們家大業大、實力雄厚，我們家除了一張營業執照，什麼都沒有。除了拚服務、拚努力，我拿不出任何別的東西去拚。起初，我們只能接跨國物流公司漏掉的小訂單，大公司的員工下班就走人，出問題就要走制式流程，客服、調度、營運、主管，轉來轉去、層層上報。我們小公司沒有下班時間的，我的手機從不關機，隨時回應，把貨運安全和效率看得比命還重要。我的大兒子從小學四年級開始就送到全托寄宿學校，我沒辦法全心照顧他，因為我沒日沒夜一心都在工作上。白天忙著拓展客戶、聯繫業務，晚上做客戶貨運追蹤表，貨物在途狀況、配載、分載、卸載……別人下班了，我新一輪的工作才剛剛開始。我滿腦子都在想，如何用最高的效率把貨物分載出去，既能降低成本，又能給客戶最及時的物流配送服務。我們的效率能達到什麼程度？週五下午貨還在工廠倉庫，當晚就能裝貨發車，不管去哪裡，無論北京還是廣州，一定會安排好行程，一刻也不耽擱。如果路上出狀況，不管多晚我們都會第一時間回應，積極妥善解決。我把該操的心全都包了，客戶不用操一點心。物流業的大公司做不到這一點，但我們做到了。

慢慢地，跨國公司願意把主要的大額物流訂單交給我們做了。直到現在，我們已經為那家公司服務15年。這種跨國公司的中國區總經理常常調換，但不管誰坐在那個位置，我們從來沒有被淘汰，因為選我們最讓他們放心，誰沒事會給自己添麻煩。甚

至有的客戶非常維護我們，要求除非供應商物流是我們家在做，否則業務免談。聽說有個大公司總部開年會，跟他們的供應商說：「你明年不能換物流公司，如果換了我就把你這個供應商換掉。」其實這家公司我們也不認識，但他們體驗了我們的服務和效率，就願意幫我們說話，希望我們能夠長期為他們服務。

我還有個很有意思的客戶，他看我們夫妻倆每天只知道顧著公司，賺了錢也不知道在上海買房，就用了激將法：「你看你們來上海這麼多年，連個房子也沒有，以後公司萬一出問題，我到哪裡找你們。」我一聽，直接在江橋買下一間房子。後來，那間房子的價格漲了10倍。

2008年國際金融危機，別的企業堅持不下去，對我們反而是機會。公司業績一年比一年好，客戶滿意、員工穩定、管理有序……那兩年日子過得最舒服，我還有時間去健身、按摩，週末出去玩。

2010年，我又不安分起來，跟老公說我們要居安思危，現在我們只是物流承運商，我想開分公司、擁有自營的運輸專線和控制權。當時雲貴地區依靠公路鐵路聯運，鐵路效率太低，有時半個月過去了，貨都還沒被排上裝車，滬昆高速也還沒通車，我想解決客戶的運輸痛點。

「從此我和老公約定：再苦再難，誰也別提『關門』兩字」

2010年3月28日，我們建立了分公司，開通了昆明、貴陽的運輸專線。但一開張就後悔，因為太困難了！我們反反覆覆有六次想要把分公司關掉。剛開始業務不飽和，又要追求效率，貨不滿就發車，發一輛虧一輛；而且運輸風險很大，雲貴是山區，路很難走，氣溫變化大，很容易出事故。一車貨的價值可能有幾百萬，但我們的運費可能只收幾萬塊，出事就要全額賠償，收益和風險完全不對等，真不是人過的日子。

有一次冬天下暴雨，公路變成巨大的溜冰場。貨車離貴陽還有30公里的時候，打滑翻了車，貨物全都掉到高速公路下的山溝。我凌晨2點接到電話，聽到四個字：「車子翻了！」我在床上一下子跳起來，先問人怎麼樣？所幸人沒事。第二個反應就是這麼多貨怎麼樣了？來不及哀怨，搶收貨物要緊。第二天，貴陽、昆明辦事處的經理們，召集十多位員工和十幾個臨時工去出事現場，能搶救多少算多少，開始收集清點貨物。

運氣真好，這次運輸的是一家世界500強企業生產的塑膠桶，品質很好，一件一件收回來，完好無損。客戶最後走保險定額賠償，只叫我們賠12萬元，老天爺太眷顧我們了。

但經過此事，我們實在受不了，心理壓力太大。我們最後一次下定決心把公司關掉，早上跟員工開會，結算薪水和補貼金，

那個月的10日是上班最後一天,我發了整個月的薪水給員工,然後幫員工訂了返鄉車票。我們分別打電話給客戶,通知他們說公司收起來了,以後的業務找別家吧。

晚上我回到家休息,但閒不下來就開始打掃。結果有個客戶偏偏是我們漏掉沒通知到的,打電話來說:「你們公司怎麼回事啊?黑漆漆的,我的貨送過去就停在門口,等你們運送呢!」

我當時沒有忍住,跑到樓下小花園號啕大哭。不知道為什麼,就是覺得辜負了客戶的信任和囑託,人家把貨送到公司門口,我卻把公司關了。「我們關門了」,這話我如何說得出口!

我回撥電話說:「等一下,我10分鐘就到。」

趕回公司,等著第二天回家的員工還在睡覺,我把他們叫起來說:「卸貨!」他們都傻了。

客戶救了我們,從此我和老公約定,再苦再難誰也別提「關門」兩個字,無論如何都要堅持下去。

後來市場證明,開通雲貴專線雖然是艱難的決定,但也是正確的決定,它填補了市場空缺,解決了客戶的痛點,客戶一個個打聽找上門來,業務多到忙不過來。後來我們把運輸專線一路延伸到越南、緬甸,發展了國際物流業務。

「10個人的蛋糕2個人分,『剩』者為王」

在經營方面,我們逐漸找到適合自己的方式。首先每年買承

運人責任險，多花十幾萬的保費，多少換來了一定的風險控制和保障；管理方面，我們責任的分配細分到不同職位。比如同樣是搬運貨物，裝卸會分開，有不同的績效核算辦法。因為卸貨相對簡單些，裝貨技術較高，怎麼最大限度的利用空間，還能經得起幾千公里的顛簸，這裡面是有學問的，所以薪酬抽成不一樣。

物流業分淡旺季，淡季車閒著，旺季車不夠用。我和司機簽訂靠行合約，拿出一半的車錢借給司機，貨車成為司機的個人資產，這樣他們會更積極和有責任心。作為回報，無論多忙他們都要第一時間回應我的運輸需求。我們把公司和員工的利益深深捆綁在一起，很多員工從我們開業一直做到現在，做了10幾年了。跟我們一起工作的司機不出三、五年就能買房買車，員工與我們同甘共苦，一個人發揮兩個人的效益。

我沒學過財務，財務報表看不太懂，但我把員工當老師，我從他們身上都能學到東西。公司開了這麼多年，財務換過幾個，他們各有各的特點，我都學來變成自己的知識。現在我做的報表簡單又有效，無非是成本、收入、利潤三個關鍵指標，整理完一目了然。

2017年，我們在嘉定建立了自己的物流園區，占地16畝。這幾年經營下來，我們成為嘉定大型物流企業，當地政府也把我們評為優秀物流企業。2020年疫情剛開始時，大家都搞不清楚狀況。大年初四、初五，一些員工都紛紛從老家趕來公司，想要開工上班賺錢。可是因為疫情，大家都關在家裡不能出來，怎麼

辦？我就想閒著也是閒著，不如找點事情做。現在一定缺人手，我就把員工全部派出去做志工，每人加一倍薪水。

有的幫忙里辦事處整理文件、統計資料；有的就幫忙居民委員會挨家挨戶做人口登記。我老公在街道做志願者，一站就是6個小時，很忙碌也很辛苦，但很有價值。耳濡目染下，我們團隊對防疫抗疫也有了切身的認識和經驗，從春節到後來復工一直沒有鬆懈，保持很好的工作狀態。

我們是當地第一家拿到復工證的物流企業，2月14日開工，16日裝車完備，18日趕上國家宣佈全國高速公路免費，我們吃了一波紅利。這麼多年，公司發展到今天，你說容易嗎？當然不容易、吃了多少苦、受了多少累、擔了多少心；可是再想想好像又沒那麼難，只要腳踏實地、務實進取，業務自動會找上門。公司不管做到多大，我和老公依然腳踏實地做事、安分守己做人，跟員工打成一片。哪裡事情多就去幫忙，哪裡有需要就去哪裡。我們都是從最基層、第一線一路走過來的。有時候老公一穿上螢光背心，別人都以為他是保全；公司七、八台堆高機忙起來的時候，他也親自去開。

我很反感社會上流行的一些詞彙，比如草根、暴發戶。每個人都有他的心酸、他的理想和他的奮鬥，不是一、兩個詞語就能概括的。

2020年，產業在淘汰人也在成就人。本來一塊蛋糕10個人分，有些人做不下去，只剩2個人分，分到的蛋糕會不大嗎？

「剩」者為王，就看誰能堅持得最久。

　　我現在的事業和生活達到穩定平衡的狀態，哪怕一個星期不看手機也不用擔心，因為公司各個區塊都有專業的人在負責。如今我也有能力幫助一些需要幫助的人，很多慈善機構徵求物資，我們都提供免費運輸服務；有時候朋友創業失敗，我們也會盡一點力去幫他一把。現在雖然已經人過中年，但我們仍然保持著當初的創業熱情，腳踏實地、務實進取已經成了本能和習慣。

　　一切來之不易，但我一直相信，既然選擇了遠方，註定要風雨兼程；只要心存善意，老天都會幫你。

採訪手記

李晴的這篇口述實錄，是我整個採訪寫作計畫中，第一篇得到女性受訪者同意公開發表的文章。其實之前已經完成兩篇女性創業者的專訪，無論採訪還是寫作，過程酣暢淋漓，我都視如珍寶。女性天生是講故事高手，感性驅動、情緒飽滿、情節細膩，她們的語言特別有畫面，令人感同身受。男性創業者的講述更多是理性驅動，邏輯性強、高度概括，好像有道隱形的門，我需要很耐心地扒開門縫往裡面看，總之確實很不一樣。遺憾的是，前兩篇已經完成的女性創業者文章，由於種種因素，受訪者對於公開發表這件事心存顧慮，我雖扼腕嘆息，但也完全尊重和理解。不管事業做到多大，女性創業者承擔的壓力和不安更多。但這也正是我想要繼續寫下去的原因，希望我的文章能讓女性創業者獲得更多的自我認同和社會認同。創業路上還有這麼一大批默默無聞，集才華、勇氣、勤奮於一身的女性，其實你並不孤單。我由衷感謝受訪者的信賴，她的創業歷程很曲折艱辛，但她講述的時候，會很習慣地講起別人對她的好，一點點的好都讓她記得一輩子，這對我是一種洗禮。她還主動在初稿裡補充了被人討債的那段經歷，這種誠懇太珍貴了。

（李晴口述訪談完稿時間：2020年冬）

朱寅

1963 年生屬虎

- 摩羯座
- 上海人

再大的難題，只會保留一天

從事行業：演藝空間（Livehouse）

年銷售額：2000 萬元

創業時間：11 年

創業資金：200 萬元

我是最早一批赴日留學的上海人。1988年，我25歲，辭掉了國營單位鐵飯碗，口袋裡裝著1萬日圓（相當於當時的2400元台幣）就出國了。當時爸媽一個月薪水只有160元，2400元是很大一筆錢，但放在日本就微乎其微。初來乍到，做什麼都需要錢，買什麼都貴，從機場搭廂型車到學校宿舍，不到半天錢就花掉一半。學費、房租、生活費樣樣沒著落，只能靠自己賺了。

「吃了各種苦，以後碰到各種困境都不怕」

當時語言不通，像聾人和啞巴，打工也只能找不用多講話的，例如清潔、打掃、洗碗、廚房助手……一個星期打4份工，一天跑3個地方，每天睡5、6個小時，打工10個小時，剩下的時間念書。宿舍只有巴掌大，不到6平方公尺，我打地鋪睡覺。日本人生活節奏快，時間觀念重，我一切從零開始，埋頭苦幹。有時做錯事老闆會對我發脾氣，我也聽不懂他罵什麼。我不想挨罵，就拚命惡補語言，把日文菜單都背下來……吃的各種苦也算是人生歷練，以後碰到各種困境，我都覺得沒有什麼好怕的。

當年，我在便利商店看到蘋果想買來吃，一看價格，一顆蘋果要200日圓，想想換成人民幣能買多少東西，拿起來又放下，還是把省下來的錢匯給父母改善生活。打工一天可以賺5000日圓，但一年的學費需要100萬日圓。我一整年忙著打工賺錢付學費，賺得錢還要貼補家用。

記得在日本打工的商店附近，就是東京銀座Yamaha音樂商店，我經常去店裡免費試聽卡帶，玉置浩二、小田和正……我們那一代沒聽過這些，當時就有種開竅的感覺：原來還有這樣好聽的音樂！

我學了兩年語言，讀了四年大學，畢業後要找工作。剛好我在一家報社工讀，每天能看各種報紙，有次看到《經濟新聞報》上有篇報導，說八佰伴（日本大型連鎖超市，目前已歇業）要在中國投資，我就試著投履歷到八佰伴。面試幾輪後，八佰伴看我在中國有工作經驗，還有日本經濟管理學士學位，認為我是能夠立刻派上用場的人才就錄取我，那年我30歲。

「我在日商學到的最實用的『三字經』」

到日商上班後，我才真正瞭解日本文化。日本講究上下級關係和團隊精神，有問題一起商量、共同決策。一旦形成共識，就只會有一個標準，不管是誰都要嚴格遵守，做事一板一眼，按決策標準走，從不亂來。所以日本公司的會議多，天天開會的目的就是形成共識、達成決策。日本職場上有個詞語是「報－連－相」，翻譯成中文就是「報告－聯絡－討論」，意思是任何業務上的事情都要向上司報告，與客戶聯絡，和同事討論，實際上是一種橫向和縱向的溝通意識，這是日商生存法則，也是我在日商學到的最實用的工作方法。

1995年，由於我是公司裡唯一懂日語和中文的上海人，就從八佰伴東京總部被派駐到上海總部，籌備浦東八佰伴的開業事宜。八佰伴作為國務院批准的第一個中外合資的百貨公司入駐浦東，在當年是一件大事。當時我們邀請日本著名太鼓樂團「鬼太鼓座」作為八佰伴開業的表演嘉賓。

　　鬼太鼓座由一群年輕人組成，是非常獨特的日本表演團體。這些人之中有的是小學老師，有的是超市員工，甚至還有高中生，但他們的共同點就是喜歡日本童話，所以他們平時就住在一起生活，每天自己動手煮飯，每天練習打鼓，而且堅持長跑，每個身材練得勻稱健美。創始人田耕先生告訴我：「在日本文化傳統裡面，有一句話叫『男人看背，女人看臉』——男人的背就是他們的靈魂。」所以鬼太鼓座的演出舞台上，男人都用背影展示陽剛之美，女人表演則正面示人，加上燈光和舞台設計，表演效果非常震撼。

　　八佰伴開業那天盛況空前，門口計數器算下來一天有100多萬人次，玻璃櫥窗被擠破，電梯被擠到停運⋯⋯那場面我從來沒有見識過。我全程負責鬼太鼓座的接待工作，因此與田耕先生結下不解之緣。當時他65歲，總是穿日本傳統服裝，戴著一副厚厚的老花眼鏡，講話非常隨和。他告訴我，他非常崇拜魯迅先生，閱讀了大量魯迅先生的文章，從中悟出很多人生哲理，也因此喜歡上中國。他有一個心願，希望鬼太鼓座能在中國巡迴，同時能做一些演出。

基於良好的合作基礎，八佰伴決定資助田耕先生的巡迴計畫。但是天有不測風雲，就在計畫即將實施的時候，亞洲金融危機爆發，八佰伴受到很大衝擊，公司頃刻之間申請破產，我也一下從雲端掉到谷底，不知該何去何從。

　　田耕先生得知此事後，幾次來上海，邀請我做鬼太鼓座在中國的經紀人，繼續推進巡迴計畫，我內心非常糾結。經紀人對我來說是從未嘗試過的事情，我要跳出舒適圈，踏進完全陌生的領域，未來的生計如何？職業發展如何？面臨太多的不確定。

　　但我看到田耕先生快70歲了，為了這個心願那麼執著堅持著。我從小到大，還沒有這種執著的夢想，他身上那種夢想的力量感染著我、牽引著我，我懵懵懂懂就上了藝文界這條船。

　　找贊助、跑審核、設計節目、籌措資金買裝備、聯繫媒體場地行程、演出……1998年4月8日在上海魯迅公園，由我做嚮導和經紀人，田耕先生當團長，帶領11位中日鼓手啟程出發，開始漫長的「長征之路」。

「台上一分鐘，台下何止十年功啊！」

　　說是「長征之路」一點也不誇張，路程非常漫長也非常艱苦，每天早上5點半起床，一天要完成35公里的越野長跑，從早上5點半跑到中午，無論颱風下雨還是烈日當頭，哪怕隊員生病發燒也不會停，走也要走到終點。他們還有個必修課就是輪流朗

讀日本名著，中日鼓手彼此切磋技藝。每到一個城市，就會辦一場演出，劇場劇院、車間廠房、村間田頭，甚至在馬路邊上⋯⋯1990年代，人們接觸到海外演出團隊的機會很少，我們每到一處都吸引大批觀眾圍觀，他們看得如癡如醉。一連跑了3年，我一年中有4個月都在路程上，去過香港、昆明、西安⋯⋯。我的演藝之路是從風裡、雨裡、土裡走出來的。和表演者朝夕相處，讓我看到舞台光鮮亮麗的背後是堅毅、是執著、是自律，是沉下心來把一件事情做好的決心。人家說台上一分鐘，台下十年功啊。

由於做表演藝術經紀的關係，我也常去日本看演出。我至今仍記得，2000年日本彩虹樂隊演出，在東京巨蛋體育場，全場四、五萬人，同一個聲音、同一種節奏、同一套動作，山呼海嘯、整齊劃一，我看傻了。舞台就是一塊有魔力的磁鐵，吸引成千上萬的人凝聚在一起，陶醉忘我、非常震撼。這完全顛覆我對音樂的認識，它不是卡帶，也不是CD，它就是現場！是活的生命體！

那時日本朋友到上海都會很納悶，問我上海是中國最大的都市之一，怎麼找不到一間Livehouse？我心想什麼是Livehouse？國內聽都沒聽說過、更沒見過。其實到現在，Livehouse都沒有完全對應的中文解釋，有的叫現場音樂表演場所，有的叫現場演奏。

機緣巧合下，彩虹樂隊的經紀人大石先生找到我，他想在上海新天地開一家音樂酒吧，並交給我經營，這就是後來的ARK

Livehouse，可能算是中國Livehouse最早的雛形。我在那裡經營了整整6年。每到夜晚，新天地的燈火裡，ARK總是最明亮、最活躍的那一盞。

2006年我又受京文唱片公司之邀到北京，創立星光現場，這是全國第一家真正的Livehouse。鄭鈞、許巍、崔健、竇唯、李健、范曉萱等華語一線音樂人，還有歐美、日韓一、二線音樂人都曾在那裡演出，是一塊理想的音樂烏托邦。

其實從2000年開始，音樂工業遭遇大崩盤，唱片銷售量滑落谷底，一個大時代急遽落幕。音樂人失去大公司企劃包裝和金主贊助，生存都成問題。優秀的音樂人需要一個平台去展示自己的才華，累積自己的粉絲，一旦天時、地利、人和，還是有機會成為萬人矚目的新星。

「對我來說，再大的難題只會保留一天」

2007年普陀區舊區改造。蘇州河邊江甯路橋下，原是上海國棉二廠的老廠房，當年這裡還算不上黃金地段，我跑去與西部集團的董事長溝通，想打造成文化藝術中心。對開發商而言，把建地建成一個聚集人氣、提升品質的文化地標，帶動周邊商業配套，很有想像力和吸引力。對我個人而言，借助商業的力量扶植我們本土音樂文化，搭建一個好的音樂平台，是我一直以來的夢想，雙方各取所需一拍即合。前置作業就長達數年，包含海外考

察、市場研究、區域規劃、空間設計、功能定位⋯⋯別人生小孩是懷胎十月,我們把一個棉紡老廠改造成淺水灣藝術中心,前前後後花了5年。

2012年,我正式註冊了自己的公司,全心投入經營淺水灣藝術中心,一開始有8名員工,其中還包含幾位日籍員工。從1998年做日本樂團的經紀人,到後來做新天地ARK、北京星光現場的職業經理人,再到經營Livehouse的企業法人,這一路我走了14年。

藝術中心剛開始營運的前兩年,沒名氣也沒人氣,甚至還虧損,連發薪水都有困難,該怎麼辦?拆東牆補西牆,借錢來解決。燈光師、音響師都是從日本請來的專業技術人才,是Livehouse的營運保障,在當時請來日本專業技術人員的做法很有先見之明,但也是非常需要勇氣的。

對我來說,再大的難題只會保留一天。過了今天,翻到明天又是新的一天,新的一天就會有新的轉機、新的主意、新的希望,難題就有望化解,我不會讓自己一直陷入負面的情緒。聯繫演出公司、經紀公司、公關活動公司、廣告公司,去拓展、找客戶、拉贊助,今天沒有結果沒關係,可能明天一個電話就來了,活動就找上門,現金流就進來。錢進來了,我就可以引進演出,有了演出人氣就旺了、場館就活了。可能是阿甘精神吧,我堅信山窮水盡時,一定會有轉機等著你。

很多事情在開始之前,想清楚各個方面,我心裡就有數。在

參與建造這個場地的時候，我就知道將來在裡面要放什麼內容，知道會發生什麼，哪些演出可以接，有什麼人會到這邊來，這幅畫面在我的腦海裡始終存在。現在就是把腦海裡想的慢慢地紮紮實實做出來，呈現在自己面前。所以，最終落成時，看到理想中音響燈光齊全的舞台、各種培訓用的教室、錄音室、排練室，可以提供培訓、製作、演出一條龍的服務。劇場裡設置了三個酒吧區域，有屋頂花園，樂隊晚上九點或十點演出結束，可以到屋頂露天花園開派對。一旁高樓燈火璀璨，一邊與工作人員開慶功宴，如此的夜晚，什麼疲勞煩惱都沒有了。

「演出也好，劇場也好，都跟人一樣都是活的」

2013年，我做了80幾場演出，2014年180場，2015年200多場，事業一點一點做起來，慢慢從虧損到盈利。2017年，日本著名玩具遊戲公司萬代南夢宮買下藝術中心的冠名權，使我們有穩定的現金流，可以引入更多更好的演出資源，更新並升級場館設施設備，我要讓我的地盤一直領先同行三年。

Livehouse文化只要身臨其境，就會愛上。2019年，日本樂隊愛麗絲九號的亞洲巡演最後一站就在我們這裡。當天下著雨，但熱情蔓延在各處，Livehouse的入口早有「九組」（粉絲應援團名字）準備的星星燈和鮮花，擺成一片；隔壁咖啡廳的螢幕上播放著愛麗絲九號樂隊的Live音樂影片；咖啡露臺上掛著樂隊成

員的手繪插畫橫幅，橫幅上是粉絲留給樂隊的手寫便條紙。粉絲的禮物、鮮花、信件源源不斷，休息室放不下，就陸續放到化妝室、置物間。在彩排階段，門口販賣區（銷售應援棒、發光手環等）就排起長龍。晚上7點整，開場音樂一響，樂隊成員照片出現在LED大螢幕上，全場沸騰，連地板都在震動，能唱出日語歌詞的粉絲多到令人吃驚。台上樂手舉著手問：「住在上海的人有哪些？」1／2的人舉起手。又問：「住在上海以外的人有哪些？」另外1／2的人舉起手。樂隊專為上海演出準備了一首歌曲〈Shooting Star〉，演奏剛一開始，大家全都舉起手臂，隨著音樂左右搖擺，揮舞著螢光棒，如同歌名一般，像無數流星劃過，觀眾席上的白色光芒如同星空般耀眼。歌唱聲、歡呼聲、啜泣聲連成大合唱，像這樣藝人與粉絲近距離的互動，彼此惺惺相惜、心靈共振，幾乎每天都在我們這裡上演，美妙極了。

演出也好，劇場也好，跟人一樣都是活的，是有生命的。變好的速度是一天一天慢慢來，但不會停下來。這個劇場的經營型態經過幾輪反覆運算，已經到了3.0版本，有大、中、小三個Livehouse，大的能容納1000人、中的容納500人、小的只容納50人，可以分別適應不同規模的演出形式。演藝產業鏈的各個環節逐漸在這裡聚集，藝術教育培訓基地、文創空間、錄音室、排練室、各類藝文策劃、製作團隊⋯⋯它成為音樂產業一體化的孵化器和平台。未來還會發展到4.0，會出現潮牌文化、藝術展覽、畫廊、體驗式工作坊⋯⋯

日本最大Livehouse連鎖集團ARM娛樂的岸本先生是我的引路人，一直把他的經驗無私地分享給我。他說人分三種：一種是有錢的，一種是有資源的，還有一種是有能力的。你只要是其中一種，再找到另外兩種人聚在一起，就能成功。我沒錢，但我有資源又有能力，事情不會做不成。目前Livehouse經營模式也逐漸穩定：

1. 採用輕資產營運模式，與地產商合作，解決錢的問題，以市場需求、演出內容倒推場館規劃、空間功能設計。

2. 重金打造舞台呈現、燈光、音響，保持最佳觀賞體驗。

用商業營運收入反哺孵化演藝團體和作品，讓演藝產業一直有新鮮的血液和優秀的火種。

現在這種模式已經從上海複製到重慶、無錫、成都，共有五家在營運。其中三個都已經做出成績，具備了自我獲利能力，發展前景很好，有兩個還在努力跟上。員工從最初的8人，發展到近百人。我想再用幾年時間，把Livehouse發展成遍佈全國的連鎖品牌。跟我同齡的人有些都準備退休了，我覺得自己還很年輕，做得正起勁。

做藝文行業講究平衡，要用賺錢的區塊去貼補虧錢的區塊，讓產業鏈上大大小小的有機生命體都活下來，整個土壤才會有活力，藝術作品才更多元豐富。對很多80後、90後來說，日本動漫是他們踏進音樂世界的入口，可能他們喜歡看二次元的東西；我兒子是00後，他在美國留學，玩的是西方音樂。時代不一樣，越

來越多元、充滿個人風格，這是好事情，而我們能做的就是提供平台，讓各類人群各取所需，找到自己喜歡的內容。

「這是最難的時候，也是最好的時候」

2020年疫情來勢兇猛，我們現場演出行業受到巨大打擊。當時趕上過年，原本過年後的演出門票已經賣得差不多了。除夕那天我們只好緊急調整，與各方聯絡，縱有百般不捨，也只能取消所有演出。我們負責營運的長江劇院觀眾層較年長，習慣買實體票券，還喜歡收藏票根，線上退票對他們來說有難度，但退實體票又面臨人群聚集的風險，於是我們決定將退票期限延至5月。大年初五，我就帶著團隊在現場負責退票。但連續兩天，一個來退票的觀眾都沒有，大概是大家都害怕外出的緣故吧。

當時疫情會怎麼變化和發展，我們誰都不知道。工作群組裡，我每兩週會發一次通告安撫大家，說預計多久就會開工，設定一個預計的時間點，彼此打氣。結果這個通告每發一次，時間點就延遲一次，開工還是遙遙無期。很多員工都找我要求降薪或停薪，與公司共渡難關。

我暫停了原本所有升級改造劇場硬體的計畫，省下的錢給員工發薪水，先把人保住要緊。只要人在，就有繼續發展的動力和能力。我們有七成的演出來自海外，我的團隊要克服時差問題，一個個聯絡廠商，但他們充滿鬥志，各級政府也願意為我們提供

一些幫助。日本最大的票務公司PGE在疫情發生後，還連夜去商店買口罩給我們，然後快遞到上海。

海外演出取消了，劇場人數受到限制，再加上我們最大的消費群體是大學生，學校恢復上課都還有諸多限制，種種因素導致2020年營運很困難。但我不怕，因為我已經堅持到現在，社會生活慢慢恢復正常，人心需要撫慰，我們的劇場又會滿血復活。最重要的是，我們現在有動力去挖掘國內優質的演出資源。疫情之後，行業加速洗牌、價值回歸，浮躁的泡沫消失後，真正的金子會顯現出來，這是最好的時候。

做這一行，衝著錢來的人都輸慘了，能堅持下去的，都是打從心底真心熱愛這一行的。我請人不看別的，就看他是不是真心熱愛這個產業，並能靜下心、吃下苦。有一位員工是英國倫敦藝術管理碩士畢業，起薪也只有12000元，一點一點從基礎工作做起，成長為重要幹部，靠自己的能力拿到目前8萬多元的月薪。

當然，在這個行業裡創業的人，光有夢想也不行，還要有商業上的敏銳度。我們樓上有家專門製作音樂劇的年輕公司，團隊有夢想，但辦一場賠一場也不行。我看不下去，決定幫他們一把，雙方一起合作，走出一條兼顧藝術和市場的音樂劇路線。那時東野圭吾在中國很流行，我就去做研究，發現東野圭吾的作品那麼多，只有一部改編成音樂劇，叫做《信》。

我們就買下這部音樂劇在中國的演出版權，啟用中國最優秀的年輕一代編導、音樂劇演員，進行本土化再創作，2018年首

演，一炮而紅，在全國各地一連演出40場，場場爆滿，一票難求。2020年，《信》的演出又進行新一版的改編，啟用一批新演員。在排練過程中，完全保留了演員們的個人特質，在舞台上常可以看到具有他們個人特色的表演細節。很多觀眾都是二刷或多刷演出，對比兩版的表演細節如數家珍。

我們請了日本的製作人、音樂人和在日本演出的演員，一起到上海來觀看這部劇，他們看完後表示非常驚訝！雖然他們聽不懂中文，但是中國音樂劇演員們的舞台表現、歌唱能力，還有那種年輕的創作活力，讓他們感覺到壓力，因為日本的音樂劇演員差不多都超過30歲。他們問我：「這部劇將來可不可以去日本演出？」大家想想，一部源自日本的作品，用中國人的手法來重新演繹，然後又被邀請到日本去演出，這是有多大的感染力和影響力啊。

「寫在最後」

魯迅先生當年去日本求學受到藤野先生的影響，寫出家喻戶曉的散文《藤野先生》，而魯迅先生又影響了鬼太鼓座的田耕先生，田耕先生反過來對我的人生產生很大的影響。也許我的事業也會對某個人產生影響，這就是我一直在藝文界這條路上的意義吧。

音樂劇《信》收官之時，我們在官方帳號發布一篇文章，標

題叫〈在這冷暖人世間，訴說自己心中諾言》，就以裡面「寫在最後」的話作結語吧：

> 36天，從一塊木地板，走上另一塊木地板
> 燈光、音響、道具，還有無數的人
> 方寸之間，上演時空變幻的魔法
> 沉默、焦躁、開心，還有難過
> 光柱之外，感受時間的緩慢流動
> 當你劃定一個區域
> 一個人在另一個人的注視下走過這個區域
> 就足以稱之為一幕戲
> 在你們看不到的角落裡，故事無時無刻不在發生
> 萬千悲喜，匯聚於此
> 這一封信，能抵千言萬語
> 啟幕，暗燈
> 亮燈，閉幕
> 感謝，所有在場的你們！

探訪手記

　　第一次見到朱寅還是在數年前，我跟隨一位前輩梁老師到淺水灣，梁老師說如果要在中國創辦演藝中心，第一個要請教的人是朱寅。一見到他本人，就能感受到他身上特有的氣場：樂觀、執著、細膩。後來聽他說曾有留學日本的經歷，我心想難怪。當時的淺水灣剛營運沒多久，但我隱隱感覺，憑他身上那種熱騰騰的活力，上萬平方公尺的場都能「燒」起來。今年故地重遊，淺水灣已經被日本著名玩具遊戲公司冠名為萬代南夢宮，朱寅的Livehouse版圖也已經擴張到多個城市。最令人驚奇的是，朱寅本人比我上次見他還要年輕，也更有活力！這是他的創業故事。另外，如果想要年輕，一定要常泡Livehouse！

（朱寅口述訪談完稿時間：2020年冬）

結語

不知道各位讀者朋友看完這4位的創業故事是什麼感受，我的反應是覺得也太不容易了。每一位創業者的成長歷程，都是他們自己的長途征伐。

創業是一條異常艱險又艱辛的路，創業者承受著心智、體力、情緒的多重壓力和考驗。所謂老闆，就是要為最後的結果承擔責任，為決策負責的人。所以，他要比常人更樂觀，比常人更堅強。他們內心的能量來自哪裡？是誰給了他們源源不斷的燃料，在創業路上發光發熱、披荊斬棘？

要華可能是我採訪過的創業者中唸書唸最久的，從小學、中學、大學、碩士到博士，整整25年。但當她創業的時候才發現，創業的複雜度超出她的認知和想像。她在沒人、沒錢、沒經驗的「三無狀態」下創業，經歷過飛蛾撲火般的磨難，近乎山窮水盡。「就像一條擱淺的魚」。

但她也越挫越勇，並意識到創業不是只靠一個超人就能做的事情。創業當老闆，不是將一個人當成一支隊伍，而是把一群人撐成一條繩子，讓公司做出一個人做不到的事情。她說：「我的家人、合夥人以及團隊，還有我的供應商和上下游合作夥伴，這些聚集在一起，才是我的創業大軍。」

要華的創業理想是重新定義一個古老行業，讓它變得高級而性感，她願意為比窮盡一生。她的創業過程可以用6個字概括：事難辦，錢難賺。

但要華一直保持著樂觀、篤定的心態，同時累並快樂著。她的老公為了支持她的學業和事業，甘願延畢一年，與她分擔育兒重任；在她決定創業時，親朋好友「無條件信任」、籌錢入股，至今毫無怨言；她的第一位員工是主動找上門來的「粉絲」；她的合夥人是毛遂自薦、主動請纓願意成就她的人；她的三個孩子則深度參與她的創業過程，也正因為創業，她才第一次覺得「三寶媽」的身份是理直氣壯、可以為之驕傲的加分項目。以上種種，就是她的「支援系統」，是她內心力量的泉源。

殷皓從一個創業小白到把公司做成寵物界的獨角獸，他說：「我沒有其他優勢，就是擅長苦撐。撐了十幾年，獲得經驗和優勢，也磨出耐心和信心。我會繼續撐下去，我不怕打仗，尤其是打持久戰。我相信，在這個賽道上，機會主義者註定沒辦法生存。」殷皓之所以能「苦撐」，與他的家庭支持密不可分。創業

資金是老媽出的，父母在公司擴張期抵押了房子。我覺得這不僅僅是資金上的援助，父母的信任和包容恐怕是比金錢更珍貴的支持力量，讓殷皓在漫長瑣碎的營運中，一直擁有泰然、平衡的心態。殷皓的另一半也是他親密無間的最佳合夥人，兩人分工協作，步調一致地攜手共進地。「撐下去」對別人來說也許是種痛苦，但對殷皓來說是一種享受吧。

李晴創辦物流公司，開通自營雲貴運輸專線，曾反覆6次想把分公司收掉。最後一次，她甚至結算了員工薪水，並幫他們買好返家的車票，還一一打電話通知客戶說：「我們要結束了，請找別家吧」。結果偏偏漏掉一位客戶，晚上找上門，把她叫回來，於是她繼續接單繼續做，所以李晴說：「客戶是我的救星。」

在這看似非常戲劇化的情節裡，其實蘊含著很樸素的商業道理：創業雖然苦、雖然累，但李晴從客戶那裡獲得的一直是正面回饋。市場認可加上客戶信賴，讓她有底氣、有信心去做「艱難而正確的決定」，也是她迎難而上的動力所在。

陰錯陽差下，朱寅從日商白領踏入表演藝術經紀這一行，從表演藝術經紀人變成演藝空間法人，他花了14年。他在演藝空間的營運方面精耕細作，不斷反覆運算，從1.0、2.0進化到3.0，又是一個10年。他把創業看作樂此不疲的挑戰，是源於對Live house的熱愛。由於熱愛，他會以極致的方式精細管理演藝空間的軟硬體，還會力所能及地用賺錢的經營項目去扶植不賺錢的原創項目。他把演藝產業當作一個有機生命體，以一己之力推動改善產業生存環境。

在朱寅創業路上，熱愛像一塊磁石，吸引一個又一個行業巨擘甘願當他的引路人：鬼太鼓座創始人田耕先生、彩虹樂隊經紀人大石先生、ARM娛樂的岸本先生。他們猶如明燈，在精神和專業上指引著他、鼓舞著他、滋養著他，使他不斷把演藝事業做到極致。可以說，熱愛成為他最大的競爭力和最高的護城河。

我在採訪過程中最大的發現是，能夠堅持下來的創業者都有一套自己的「支援系統」，支援自己從挫敗中爬出來，冷靜客觀地評價形勢和自我，以滿血復活的狀態迎接新的一天。

「支援系統」一部分來自內在的能量，比如認知、觀念、個性、意志等，還有很大一部分來自外在的滋養。你的支援系統越強大、多元、豐富，支持你在創業路上走下去的能量就越充足。

所以創業者需要建設好自己的「支援系統」，比如有哪些觀念和認知能帶給你啟發和開導，幫助你跳脫思考框架？是你信賴的前輩、師友，還是書籍、商學院、私人董事會？

在精神、情感方面能夠給予你支持、安慰和鼓勵的人是誰？是家人、朋友，還是創業同伴？

在商業經營上，有沒有能夠守望相助、在關鍵時刻扶你一把

的資源？比如你的合夥人、合作夥伴、客戶？

在釋放壓力、放鬆身心方面，你有什麼好方法或習慣？正念、冥想、讀書、音樂、旅遊、跑步？

……

總之，只要能夠增強你的內心能量、使你身心得到滋養的人或事，都可以把它們納入「支援系統」，而你也可以嘗試成為別人「支援系統」的一部分。

> "因為有了困難，比較之下，才有容易；同理，長短、高矮、前後皆可兩相比較、相待而成。"

20 創業辯證法

第五章

Nick

1977 年生屬龍

- 水瓶座
- 上海人

有些道理，跌到低谷才會領悟

從事行業：印刷／資訊自動化

年銷售額：1 億元

創業時間：20 年

創業資金：100 萬元

我在單親家庭長大，3歲時爸爸因病過世，媽媽一個人把我帶大，她給了我力所能及的物質保障和關愛。但我終究缺失了父愛。大概上國二的時候和男生打架，四、五個男生把我埋進沙坑、搧我巴掌，那種孤立無援的感覺刻骨銘心。痛哭之後，我好像一夜之間脫胎換骨，變得果敢、剛毅，不畏懼艱難；理解靠天、靠地不如靠自己。

　　我高中時理科成績很好，但骨子裡是文藝青年，喜歡寫寫文章，還曾投稿給《新民晚報》。當時的班導師覺得我文理兼備，就鼓勵我報考復旦新聞系，第二志願填了法律系。結果那年高考法律系、新聞系大熱門，還好我選了無條件分發，終於跨入復旦大門，進入哲學系。雖然當年入學時我對哲學一無所知，但4年的學習卻讓我受益匪淺。現在回過頭來看，如果再次選擇的話，我還是會首選哲學，哲學系給我的思維訓練讓我終身得益。它讓我看到世界上原來有這麼多的思考模式和解讀方法，有各種選擇，沒有絕對的對與錯，每一個都有其合理的成分。哲學教會我辯證問題，不極端、不偏激，因為世界是多元的。每個人的天賦不同、成長背景不同、教育程度不同、社會認知自然不同。對這個世界多一個角度觀察和理解，多一重層面的分析和解釋，你就會少一些盲點、少一些偏執。舉例來說，如果這個世界上只有一種完全一致的聲音，那就是好的嗎？恐怕大錯特錯。如果把壞人都抓光，剩下的都是好人嗎？可能會更恐怖。

　　我大學時是半工半讀，在3C用品店組裝電腦。當年一台有牌

子的主機價格是4萬多元,可以買10平方公尺的上海房子,我負責組裝電腦,主機板、硬碟、顯卡讓客人隨意挑選、任意搭配,價格是7000塊。我每裝一台老闆會分我160元,好一點的就240元,一天下來最多能賺300元。所以當其他同學都還在為生計掙扎的時候,我一個月輕輕鬆鬆就能到手幾千元,這也讓我日後創業有了最早的資金基礎。大四的時候,我下午沒事就泡在那裡,小老闆發現我裝的電腦賣得又貴又快,就讓我賣電腦,一台抽成300元。有時人家拿來電腦問怎麼沒有圖像顯示?其實是制式問題或設定問題,簡單除錯一下就好。但我看到書城裡有的小老闆跟客人說是顯卡壞了,然後把好的拆下來轉手賣掉,再裝上一個,另收一筆維修費,從客戶身上賺3遍錢。這種毫無商業道德的事情就在我眼前發生,我當時心想,如果跟這種沒底線的人競爭的話,怎麼打得過啊!

「5根手指有長有短,才能握在一起」

畢業時我只投了4份履歷,最終進入第一個面試我的日商公司。雖然去打工了,但我一直懷著創業的念頭。日商文化古板,墨守成規、注重規則。但優點是不會犯錯、風險很低;缺點是執行力慢。但不得不承認,日本人的團隊意識特別強。這讓我反思我們的教育,我們的教育追求每個人德智體群美全面發展,5根手指伸出來恨不得能一樣長,這導致優秀的人才什麼都好,但優

秀的人很難跟優秀的人合作，因為他們覺得自己比誰都聰明。而事實上，5根手指如果都一樣長的話，連握手都會很困難，想合作更是難上加難！而歐美和日本的教育維護個人特長，提倡差異化教育，不會因為一個人某些方面的欠缺就否定整個人，而每個人也能坦然面對自己的長處、短處，更願意與他人合作——5根手指有長有短，才能好好地握在一起。

　　回過頭看，在日商工作的那幾年，我接受了完整的系統化職業訓練，這是非常必要的。但當時我年輕氣盛，很看不慣日商的一些形式主義：每天晨會、日報、週報，非常無聊，而且老闆也不一定會看；一句簡單的話當面說，能口頭談妥的事情非要發郵件——「公司一切以郵件為準」，真是太不可思議了。所以說，人對世界的認知，跳不開自身的成長規律和生命週期。我那時年輕，血氣方剛，只看到日商公司不合理的一面。直到多年以後，我有了自己的公司，有了上百人的團隊後我才發現，我在要求員工做一模一樣的事情：晨會、日報、週報，一切以郵件為準。公司在不同規模和不同發展階段，會有不同的管理方式。幾個人的小公司，可能是打感情牌，到了上百人、上千人、上萬人呢？老闆要想跟每個員工打聲招呼大概一天都說不完，所以必須有大家共同遵守的行為準則，而郵件記錄是避免各部門互相推諉的最好辦法。

　　我所在的日商是做印表機、影印機設備的，我負責通路銷售。大家都知道，那個做相機和膠捲的柯達公司，在光學成像到

數位化的技術革新中被淘汰了。印表機、影印機的技術路徑是一模一樣的，也在經歷從光學到數位化的轉變。

我打工時就在想，一張A4紙的成本算2塊錢，幫客戶列印出來收6元，但列印成本才4毛錢，這就是好幾倍的暴利。光學印刷時代，印量越大成本越小，但數位化時代，印1張和印1萬張，單張成本其實差不多，所以不管印量大小都可以接單。一個月印10萬張，就是10萬塊的收入，這是多好的生意模式啊。由於工作關係，我會到全國各地出差，幫經銷商培訓，就說起這個想法，沒想到說者無心、聽者有意。

當時我的上司其實滿賞識我的，跟我說只要好好做，將來會發展得怎樣怎樣，給我畫了一個大餅。但無論他怎麼畫，也畫不到我心裡。後來接到一位雲南經銷商的電話，說要感謝我——他聽了我講的生意模式，真的在雲南開了一家圖文列印店，3個月回本，輕鬆賺錢，說以後我來雲南玩，他全包了——這簡直是「火上澆油」，我那顆不安分的心無論如何也關不住。

我找到當時上海灘數一數二的經銷商，他在1999年的時候年營業額就有3億多元，百腦匯、電腦城一個櫃位租金幾十萬，商場進門扶手電梯上來，位置最好的店鋪都是他租的，他做整批零售的生意，大部分3C品牌進駐上海都要找他，他佔據上海3C產品銷售通路的命脈。我找他談創業的事，他那時正在事業巔峰，如日中天。我們談了3個小時，他就說：「你去做吧。」他出資800萬、我出400萬，我就創業成立了公司。

「每天像開印鈔機的好日子，我過了四年」

2002年3月公司註冊，7月我正式離職，有兩名員工比我更早進入公司。當時我創業的時間點很好，大股東奉行「最貴就是最好」的原則，投資設備時也是如此。我們去會展上採購印刷設備，繞了幾圈，看到一般設備標價都是400多萬，只有一台最貴，不算利息就要1440萬，其實我們也沒搞清楚這些機器之間有什麼區別，首付400萬就付出去了，並用融資租賃的形式每月還款近24萬元，一共要還60個月。

門市在武康路202號，斜對面就是巴金故居，旁邊是賀子珍別墅。當年的創業成本真的非常低啊，這樣的地段房租一個月只要8萬；員工薪資平均是每人每月6000元，加上綜合保險，一人288元，所以員工綜合成本不到8000元，我們起步就雇了十幾個人。

然後就一直在賠錢。到2004年底，資金流動最困難時，公司帳上只有16萬元。我都打算重新寫履歷了，當時年輕天不怕地不怕，覺得大不了就重新求職。撐到2005年，我大股東自己的公司也自顧不暇，我該何去何從？他提出3種方案：1.我退出，他還我400萬；2.他退出，我還他800萬；3.公司賣掉。我不服輸的個性驅使下，就選了第二種方案，但我沒錢。

當時我還沒結婚，向準岳父借了一大筆錢，又從親戚朋友那裡東湊西湊，湊出來200萬交給大股東，剩下的600萬分3年還

清。大股東也很乾脆，沒有要求利息。自此，公司就剩下我一個人扛了。

一間公司失敗有各式各樣的原因，比如我們當時管理沒章法、品質不穩定、服務不到位、組織架構繁瑣、定價體系不合理……買設備也沒考慮到貴就意味著折舊高，機會成本高，因為我們不懂。但一個公司要發展，其實也不用面面俱到把所有都做好。拿放大鏡看任何一家公司，誰家不是千瘡百孔、四處漏風，但商業有一定的盈利邏輯，只要抓準、抓對一個點，就會起死回生。

我是看著京東做起來的，深刻明白在消費端打價格戰屢試不爽。我就做了一件事情——降價。2005年初時，店裡的列印價格下降一半，我用當時最好的設備和最低的價格主打高端客群。店裡的成本每個月是固定的，就像計程車，交完抽成分用，剩下做多做少都是自己的。那就薄利多銷，雖然單張利潤低了，但多賣一張都是淨賺。這一招很有用，店裡生意一天天好起來。

真正的轉機是在2007年，金融業、製造業紛紛進入擴展週期。我所在的印刷行業只能算小山頭，頂多跟著喝湯，但也不得了。彷彿是一刹那間，「日進斗金」的夢境在我眼前實現了。我的印刷機就像是印鈔機，訂單多到來不及印，設備24小時運轉，我每天閉著眼睛數錢，一天能有幾十萬元的淨利，一年下來輕輕鬆鬆幾百萬。我嘗到甜頭，就想要擴張，買設備、招人馬、開新店……2009年我還投資建造自己的印刷工廠，工廠負責生產，做

批發、走低價;門市做服務、做零售、賣高價……那時大環境欣欣向榮,我們也蒸蒸日上,這樣的好日子我過了4年。

我們形容人糊塗,會說「死也不知道是怎麼死的」,但說到創業,我是「贏也不知道怎麼贏的」。其實那時全世界比賽量化寬鬆,泡泡吹起來,幾千億的資金無處可去,洪水猛獸一樣氾濫成災,撿垃圾都能發財。這是趨勢,如果說我在其中發揮什麼作用,可能就是趕上生命週期,正值年輕天不怕地不怕,相信自己能摘星星、摘月亮,這樣的內心節拍剛好契合外部擴張的趨勢。但當時不明白,我以為我是靠機器設備賺了錢,因為當時我的眼界只能看到印刷機像印鈔機一樣天天幫我賺錢。那既然是印鈔機,不是越多越好、越快越好嗎?

「憑運氣賺的錢,憑實力賠回去」

於是我陷入創業路上的最大誤區:買設備。簡直像軍事競賽一樣,最初一千多萬已經是頂尖的專業設備了,後來一年又一年水漲船高,設備的計價單位從數百萬變成數千萬,我還是一樣不停想著要買!企業累計投資的固定資產有上億元。

2012年,我摸到創業生涯的高點後,就開始走下坡:企業規模越來越大,但利潤卻越來越低。我那幾年迷上旅遊和攝影,遊歷了很多國家。自己惰性越來越強,並寄望有人能協助管理,於是我又走入另一個誤區:高薪聘請職業經理人,然而忽視外部環

境變化，又墨守原有的經營思維，指望別人會比自己更努力為我賺錢。有句話說：「憑運氣賺的錢，憑實力賠回去。」

2015年，我的姐夫回國設力創投基金，他本來是在美國創業，但由於中國經濟高速發展，以及世界格局日益變化，他逐漸把重心放到中國。我跟他交流後，也看了不少專案，耳濡目染下開始學會用投資人的眼光重新打量自己的公司，終於有點開竅。

第一個發現就是我所在的印刷產業，其實並不完全是製造業，更多偏向服務業。純粹拚設備沒有出路，因為很多客戶根本不在乎你用什麼價位、什麼型號的機器，是租來還是買來的，他在乎的是他交給你的文件，你是否會快速、細緻地處理妥當，態度好不好、回應快不快、能不能按時交出成品、並有穩定的品質——注意，並非最好的品質。我這才回想到，生意最好的時候，公司有3個櫃台小姐，形象佳、口才好，客戶來店裡都會買東西給她們吃。

我當時沒搞懂影印店的賺錢邏輯，心思全花在設備上，還指望機器能吸引客戶，沒悟出有不少客戶是因服務而來。服務業的核心是人，我卻沒好好花心思在員工身上，沒有把人留住。

服務業，人是關鍵。我們去足浴店、理髮店，吸引我們的不是裝潢，是技師的手藝。硬體不致命的，人才是致命的，影印店其實是一樣的道理。

第二個發現是，印刷這個賽道的進入門檻和競爭模式已經完全改變。2002年我剛創業的時候，我們花1200多萬買一台機

器，當時靜安寺楓景苑的房價每平方公尺才5萬元，也就是全額買下上海黃金地段的大戶型也不用600萬元，我一台機器的價錢可以買下幾套楓景苑，全上海這樣的機器只有5台，所以競爭很少。到了2017年，楓景苑的房價已經將近每平方公尺40萬元，一間房子就要4千萬，我們最好的設備也不過4千萬，二手的只值8百萬，幾台設備換不來一間好房子。你可能看到的是房價變貴，但換另一個角度看，是不是設備相對不值錢、進入這個行業的門檻降低、競爭加劇了？

我又聯想到當年一起合夥入股的大股東，逐漸明白他當年是怎麼贏的又是怎麼輸的。他當年以規模取勝：大品牌商都有帳期，結算前有45至60天，甚至90天的時間差，所以可以用很小的資金撬動巨大的進貨量；銷售端70%的貨他是可以賠錢賣的，就是要砸市場、做大規模，比如進貨價是100元，他以97元的價格賣出去，但必須現金結算；還有20%的貨接近成本賣，只有低毛利，多少賺一點但要快速回籠資金，讓他的客群可以更快累積、銷量更大。等他規模做大，佔據上海銷售通路的壟斷地位，又可以和廠商談更長的帳期和更低的進貨價格，擁有更大的現金流。其實，後面京東等電商的盈利模式就類似這樣，只不過當年他走的是實體通路，京東走的是線上平台。歷史不能倒退，實體店的沒落是無法阻擋的命運。2010年之後，先是有美國巨頭史泰博收購OA365進入中國，後有新蛋、京東的快速崛起。電商沒有店鋪成本，品牌容納度更廣，又有資本投入不斷燒錢補貼，實體通路

就被消滅了。大股東的銷售規模迅速萎縮,規模沒了就什麼都沒了。這個賽道變了,在時代的巨輪面前,毫無招架之力,這是多麼痛的領悟!

第三個發現是,老闆解決不了的事情,怎麼能指望職業經理人能做好呢?如果真的能解決好,那應該把人家當成合夥人而不是職業經理人,邏輯是不同的。職業經理人其實是員工心態,他賺的是老闆的錢。合夥人才是老闆心態,他會想辦法去賺市場的錢跟老闆分。外企/大公司的職業經理人制度背後,有成熟的業務模式和嚴密的組織架構支撐,產業空間足夠大、市場足夠大、利潤足夠大、業務模組化,不同業務由專業的職業經理人看守一塊,一個公司有一大批職業經理人看守,一個蘿蔔一個坑,他們只會幫老闆解決一部分已經搞清楚的事情。而掌握不了核心資源的老闆,怎麼能指望靠一、兩個職業經理人解決連老闆都解決不了的事情呢?

「我徹底改變老闆和員工的關係」

創業就像升級打怪一樣,每個階段都會遇到不同難度的怪物,打到最後都會回到人身上,人的管理才是最難的。光腳的、穿鞋的、愛吃酸的、愛吃辣的,千奇百怪,那些大富大貴的老闆一定跨過了關於人的這道關卡。馬雲為什麼成功?網路上有支影片大致解說道:馬雲不懂技術也不懂業務,就是想辦法讓聰明人

跟聰明人一起合作，為了同一個目標奮鬥。這就是馬雲的過人之處，我就曾經在這道關卡失敗了。

早期我喜歡聰明的員工，覺得他們擅長做事。但聰明的員工可遇不可求，而且聰明的員工腦筋靈活，你再怎麼安撫籠絡，也不容易長期留住，就像當年我的上司留不住我一樣。而資質平平的員工，有時把我氣得咬牙切齒。很簡單的事情，講一遍、講兩遍、講好幾遍，都可能學不會、做不好。但事實上，有些職位就是需要這些員工反反覆覆、按部就班地運作。用人因職位而異、取長補短，不同的人才要用不同的模式去發展，其實這是創業者很難學會的。

後來，我有了點投資知識，看過不少專案後，慢慢開始覺悟：企業經營到一定程度跟投資的道理是一樣的，與其讓員工覺得是老闆發薪水，還不如讓他們覺得是他們分錢給老闆。老闆提供各種資源，員工努力工作賺錢，兩者必須互為依賴、互有價值。在利益分配上，員工比例要高但基數小；老闆比例要低但基數大。於是我開始從商業模式上轉型，建立企業內部投資人制度。我把原本很龐雜的公司先切割，根據業務範圍分成一個個小公司、小工廠，產銷分離、獨立結算，每一塊的業務屬性相對簡單且便於管理，但各個單位又相互交織、互有需要。我還在外部投資一些關聯企業，補充整個市場的戰略資源。就這樣，我逐步把我的公司分掉了，每一塊交由我選拔的人員營運，他們出資或用利潤買股，我逐步持有30%、最多不超過五成的股份。然後就

是我從員工那裡領抽成費用，景氣好時多分我一點，景氣不好時少分我一點。

現在的我不能說已經解脫，但從容許多。公司有了好多老闆來打理，每一塊是他們每個人的事業，規模雖小卻香，也比我盡心有餘。我有更多時間陪伴孩子，看看外部專案，用更開闊的視野、更放鬆的心態，去研究、摸索轉型。

我的員工有時開玩笑說：「老闆老了，退縮了。」這不是我的錯，這是我的荷爾蒙在作怪。我們別跟時間較勁，別跟生命週期較勁。我要是還跟年輕人一樣去拚體力，不是找死嗎？創業的路上，一定要想清楚：你在什麼賽道上，你在與誰競爭，應該拿什麼去拚，你能拿什麼去拚。該拚體力的時候拚體力，該拚資本的時候拚資本，該拚天賦的時候拚天賦，該拚人脈的時候拚人脈，該拚腦力的時候拚腦力，該拚格局的時候拚格局，不能以奮鬥、努力的名義瞎拚。我常常發的一個動態貼圖是一群荷槍實彈的士兵要破門而入，為首的士兵用腳踹門，拚命往裡面踹，門怎麼也開不了；後面的士兵走上前，用手輕輕向外一拉門把，門就開了。

方向錯了，再怎麼努力也沒用，甚至越努力越愚蠢。在拚天賦的賽道上，你拚多少汗水都沒用；同樣的道理，該拚格局的時候你去拚資本，就是燒錢。比如當年的我，在該拚膽量的時候我剛好血氣方剛，於是賺錢了，但該拚服務的時候我卻砸錢拚設備，結果又賠回去了！？所以，如果今天叫我重新創業，面臨這

些選擇題，我首先不會去拚體力，因為拚不過；我也不會去拚創新思維，因為拚不過90後、00後；我可能會去拚人脈、拚商業視野和格局、拚資金規模；但在賽道的選擇上，我不會再選擇商業印刷這個賽道了，這個賽道太短，一眼就看見天花板，而且它從來不算是剛性需求，以後更不會是。

所以，我非常想跟創業者分享的是，人生中有兩種關係很難逾越：一是內部的個人認知能力和內心節奏，你跳不開生命中的成長規律；二是外部的，就是你選擇的賽道及方向。如果內外兩者合拍，則所向披靡；如果兩者錯配，又不能及時醒悟，則奔向失敗，這算是一個曾經跌進低谷的人的一點經驗吧。

> **採訪手記**

　　採訪 Nick 的時候，他講話慢條斯理的，但我覺得他像在我面前扔了一顆深水炸彈！他是目前採訪到的創業者中，盈利能力和產業規模最可觀的，但他主動說：「我想多談談失敗的經驗。」也許是因為哲學系出身的關係，他習慣追求事物的本質。這篇文章裡的很多觀點，我覺得觸及不少創業的本質。

（Nick 口述實錄完稿時間：2020 年冬）

張忠華

1978 年生屬馬

- 金牛座
- 浙江江山人

創業讓我實現人生三級跳

從事行業：建築工程

年銷售額：數億元

創業時間：18 年

創業資金：2400 萬元

「我的人生是用他的肩膀托舉起來的」

　　我出生在浙江江山一個叫大唐村的山裡，上面有一個姐姐和一個哥哥。一家5口4畝地，但只有1畝多一點是水田，其他都是山地，很陡峭的山。父母整年都很忙頭，田裡種水稻、小麥；山上種紅薯，但還是常常吃不飽。一家人住一間房一張床，床上一張竹蓆。小時候的記憶就是冬天把腿蜷起來，縮成一團，因為竹蓆冰冰涼涼的。

　　爸爸務農、媽媽餵豬割草，大我5歲的姐姐，走到哪裡就把我帶到哪裡，她其實也還是個小孩子。有一次她背著我過家門口的小溪，我不小心掉到橋底下，姐姐就被媽媽打了。姐姐為了照顧我，晚了一年讀書，跟我哥哥同班，她上學也帶著我，我坐在她跟她同學中間。有時候我睡著了，老師就把我放到隔壁房間的床上。

　　窮人家的孩子就是這麼長大的，那時大家都窮。媽媽嫁給爸爸也是為了讓我舅舅能娶妻，爸爸送過去的聘禮還沒放下，就挑到我舅媽家去。

　　我13歲那年，家中發生變故，媽媽獨自一人帶著我生活，一個大字不識的農村婦女要賺錢養家很不容易。有一段時間，生活動盪，我常常走很遠的路到舅舅家、姨媽家借住，這裡住住、那裡住住。媽媽四處打工省吃儉用，無論多難每個星期都想辦法給我8毛錢。那時候我正在發育很貪吃，學校門口蔥油餅剛好一個8

毛錢，兩口吃完整個星期就沒錢了。

同村隔壁的叔叔小我媽一歲，沒結過婚，想要我媽嫁給他，媽媽看他不太工作還喜歡打牌，一開始不太同意，但叔叔說他願意改。後來媽媽就答應了，把我帶過去。叔叔真的不再打牌，很老實、很努力工作賺錢養家。他常年在煤洞挑煤，我後來讀書、培訓花了不少錢，都是他用肩膀一擔一擔挑出來的。多年以後他得了肺病，我帶他四處看病。他幾次病危，連醫生都說治不好，但只要還有一口氣在，我都不願放棄，因為我的人生是用他的肩膀托舉起來的。

「1993年，16歲，我離開家鄉」

我讀國中的時候就想著早點畢業，找工作賺錢。當時想法很簡單：我要闖出去，改變生活、改變命運、改變自己。媽媽說鄉下人靠手藝吃飯，無非做水泥工、木工、油漆工三個工種，我想做哪一種？油漆的味道很臭，鼻子受不了；當時的木工都是去別人家裡做，要挑一擔子很重的工具，我不一定挑得動；那就只剩下泥工了，感覺帶著一把泥刀和一副抹板出門工作，用抹板粉牆、用水泥刀砌磚，好像還可以。

我姐夫幫我找到一位泥工師傅，他在探親途中到我家看了看，吃完午餐就把我帶走了。這就是我的第一個師父，我背著兩個編織袋，一袋放被子、一袋放衣服，師父走在前面，我跟在師

父後面。

　　從鄉村坐大巴士到縣裡,再搭綠皮火車,夜晚抵達杭州。那是我第一次看到燈紅酒綠的都市,去工地的路上還坐電車,開車的是女司機,我很驚奇,一切都好新奇。

　　我本以為跟著師父會學到些東西,但在工地,每天就做3件事:篩沙子、拌砂漿、提砂漿。畢竟是農村長大的孩子,從小跟著大人務農,有的是力氣。別人提砂漿一次頂多提2桶,我一次提4桶。那時候建築外牆流行貼馬賽克,白天貼的馬賽克要等到晚上乾了才可以擦拭,把多餘的白水泥擦掉。我是不用付加班費的雜工,當然是由我做這項工作。冬夜裡,幾十層高的毛竹架,搖搖晃晃的,我帶著一隻手電筒、一桶水、一塊抹布,一站就是幾個小時,十根手指全都被白水泥「咬」破了,痛徹心扉。

「17歲,我考到專案經理證書」

　　我在工地有個小發現,有個工作人員跟我們不一樣,穿得乾乾淨淨,早上很晚才來,晚上早早就走,連師父都要對他客客氣氣,遞煙給他、請他吃飯。這是什麼工作這麼悠哉?一打聽才知道是工地主任,要考試有資格才能拿證照工作。

　　我跟著師父在工地做滿一年後,就沒有再去,一心想去考工地主任。多虧媽媽托親戚打聽,得知金華一建集團有這種培訓班,但學費要4000多元,上課期間要住在指定的宿舍,一天的住

宿費要32元。叔叔挑煤，一天也就只能賺40幾元。

我那時17歲，報名參加專案經理培訓，培訓班上的同學都是叔叔輩的，有的是老闆、有的是長官，閱歷和人脈都很豐厚。他們每天就是這裡跟朋友聚一下，那裡跟朋友聚一下，晚上吃飯有時也叫上我，我把上課筆記借給他們。那時候考專案經理要寫論文，我連論文長什麼樣都不知道，專業期刊也買不起，我就去金華圖書館查資料，一看就是半天。我最終完成的論文是手寫的，現在不知道能不能找到，我記得題目是《試論如何當好一名專案經理》。

因為我培訓時沒有工作、沒有收入，為了省錢我的早餐就是吃從家裡背來的江山米糕，很硬很硬，要配一下茶水；午餐和晚餐就在學生餐廳裡吃，什麼便宜吃什麼。課餘時間，我會推著腳踏車跑工地，推銷安全網，但沒賣出去幾個。當時拍電影《鴉片戰爭》，報紙上登廣告招募群眾演員，我甚至動過去當臨演的念頭，但是培訓的地方離橫店那麼遠，如果我去了就拿不到建築考證，只好作罷。

後來，我終於考到專案經理證書，想像著可以當專案經理了，比工地主任還高幾個級別。後來發現，我太天真了。

「求職碰壁，我回到家鄉搬了一年磚塊」

由於沒有實務經驗，我拿著專案經理證四處求職，四處碰

壁。夢想擱淺，走投無路，我又回到家裡。花了這麼多的錢、這麼大的精力，但這本證書並沒有帶來期待的工作，我覺得對不起父母、對不起自己，很茫然也不知道怎麼辦。

我在老家跟著哥哥在磚廠搬磚板，拉到曬場去曬，一個月賺400多元。日子就這麼一天天過去，搬了一年磚板，心裡覺得不是辦法，還是要出去、要學以致用，想要找師父做工程。

後來在同村找到一位老師傅，姓廖。他在縣城當工地主任，小有名氣，我們家準備了拜師禮。他問我看不看得懂設計圖，我那個時候耍了點心機，說基本上看得懂，其實我是根本看不懂。可能廖師傅看我拜師心切，或者是顧及同鄉情面，簡單問了一下，同意收我做徒弟，但叫我等下一個工程項目，他才會帶上我。我怎麼肯等下一個，就現在吧。但師父很為難，現在這個工程他已經有兩個徒弟在身邊了，人家都有單位發薪水的，我這種自己找上門的，生活費、勞務費怎麼算？後來，實在拗不過我，師父讓我跟他到工地做雜工，一天8元。我答應了，只要能讓我上工地，我什麼都願意。

在工地上，我不甘於做雜工，每天就圍著那兩個正式徒弟轉，他們做什麼，我就做什麼，他們不肯做什麼，我就幫忙做什麼。慢慢地，他們也習慣讓我在旁邊了。我抓住一切機會學習，多看多問多做多記。現場牆體是怎麼砌的？鋼筋是怎麼綁紮的？設計圖上是怎麼標註的？設計圖上這裡是虛線，那裡是實線，現場這個是窗，那個是門……就這樣一點一滴、一步一步地自己

研究。

除了跟現場，工地主任還有兩項任務，一個是做紀錄：每天寫施工日記，做隱蔽工程、分項工程的檢查記錄，各個班組、人工、物料、進度的報表；一個是送檢：把鋼筋、水泥、砂石、試塊等建築材料，送到實驗室做品質檢驗。兩個正規徒弟是杭州建校畢業的，懶得做這些，我卻樂得去做。由於做事勤快，專案經理每個月主動給我800元薪水。

就這樣做了三個月，機會來了。師父有一個朋友是專門做衛生局專案的，跑來說要找個小鬼——他們把我們這些年輕人叫作小鬼，因為薪水便宜。他說衛生局要修繕一棟門診大樓，問我要不要過去當工地主任，一個月薪水2400元。我說我要去，我一邊答應，一邊心裡很擔心，我不知道到了那裡能做什麼、會做什麼，但我還是去了。

做專案期間，我吃住都在工地，水泥工、木工、鋼筋工……各個班組怎麼排班；水泥、油漆、模板、架子何時進場；工藝、工序怎麼跟設計圖要求匹配；現場管理、台帳管理、送檢質檢等。總之我邊學邊做不懂就問，整個做下來，衛生局局長很滿意，老闆也很滿意。

後來，我上一個工程還在做，就有下一個工程的老闆來找我，不到一年的時間，我的薪水翻了一倍，從2400元漲到4800元。

「我做到工地主任的天花板,一個月2000元(約台幣1萬元)」

　　1999年,我因為當工地主任與我老婆結緣。當時,我的岳父是我某個工地專案砂石料的供應商,我岳父平常不大出面,都是叫他的堂弟來工地跟我接洽。他回去偶然說起,工地上有個工地主任做事很認真。有次我岳父請我老闆吃飯,老闆把我也帶過去,席間第一次見到我老婆,那時她年紀還小。我一看到她,心裡就有點心動了,當然也不敢說,因為我們兩家經濟條件相差太大。又是多虧我媽,找到我們村的書記從中說和,他是全國鄉村名醫,相當於當地德高望重的長輩肯定了我的為人和能力,才談定了婚事。岳母畢竟還會擔心女兒受苦,說起新房的事,我媽媽當時就說不必擔心,他們先租房,以後他們會自己買。其實,當時無論租房還是買房,對我來說都是想都不敢想的事情,但媽媽在這方面很有魄力和遠見,媽媽是個偉大的女人。

　　後來2000年,我們真的買房了。

　　先成家後立業,終身大事解決了,我就開始獨立接案,從工地主任變成承包商。我做工地主任,最高峰的時候月薪一萬元,這已經摸到了天花板,一年總共就是12萬元。但如果我承包一些小案子,比如幫公園做點小花圃,整個案子包下來8萬元,利潤就有4萬多。一年只要接兩、三個這樣的案子,就比打工賺得更多,而且還更自由。

有次部隊的一個餐廳和服務中心專案招標，其實總部基本上已經內定好承包商了，但因為要走招標流程，就找當地公司做個樣子，我之前與部隊有過接觸，就被安排參與這個專案投標。我明明知道得標機率不大，但還是認真地做投標書，一點也不敢馬虎。結果開標的時候，由於對方公司投標書製作失誤，當場宣佈我得標。那時我25歲，部隊首長擔心我嘴上無毛辦事不牢，800多萬的案子就這麼交給我，一百個不放心。那個團首長每天早上五、六點就到工地現場巡視；營房處的工程師來檢查驗收隱蔽工程時，會帶台很大的錄影機，留存影像資料，上級來檢查時方便彙報。但時間久了，團首長發現我做工程很注重品質，工期安排合理，為人又可靠，就對我很放心，連錄影機都放在我那裡。

　　後來，部隊禮堂整修專案，營房處也都直接安排我來做。禮堂裝修要拆掉所有木頭門窗，改成鋁合金，還有內外牆面、屋面、門面等整修改造。我剛剛把門窗全部拆完，部隊總部就打電話來說過幾天有慰問演出，3天內門窗要恢復原樣，還要為演出人員臨時搭建廁所、化妝間和更衣室，不能擔誤演出。我立即安排，妥善處理這個突發情況。為此，團長送我5張票以示感謝。我就帶著岳父、岳母和媽媽去看演出了。

「做承包商，一個專案賠掉12萬，但贏了口碑」

　　2004年，賀村鎮的中心小學建造教學樓，我去競標。當時

缺乏經驗，為了得標把價格一壓再壓，足足比預算低了27%。我買了一個小帳本，每付出去一筆錢就記到帳上。整個專案結算價720萬，我帳上實際付出去840萬，虧了120萬，這在當時是一筆鉅款。按理說我當時只是個承包商，在建築公司靠行，可以把問題推給公司。但我覺得不能連累上游公司，也不能虧待下游的工友和供應商。所以我四處借錢，填補虧空。當時在銀行借不到錢，全靠民間借貸，利息要2分起步（年化24%），壓力真的很大。

　　快過年的那段時間經常下雪，本來按工期，樓面鋼筋綁紮完畢後要澆混凝土，但鋼筋上堆滿積雪，如果就這樣把混凝土澆下去，裡面全都是孔洞蜂窩，影響品質；但是如果不澆，會延誤工期，錢無法到帳，沒辦法結算薪水給工人。正是年關，多少人等著領薪水好過年，我真的是左右為難。萬般無奈之下，我想出一個辦法，我去洗車店買兩支高壓水槍，帶著工人一層樓一層樓噴除積雪，清除過濾乾淨後，再澆築混凝土，終於趕在年關完工，錢到帳就立刻發薪水。

　　這個專案雖然虧錢，但我還是憑著一股傻勁，想把工程做好。我們當地建築最高榮譽是衢江杯，我雖然沒報名參加，但從工程品質上，我是朝著獲獎水準看齊的。工程完結驗收的時候，質檢員在現場一看，就打電話給他們站長，問他有沒有時間過來看一下，說他自己好久沒看到過這麼好的工程了。

　　很多年以後，2022年時我還特意請學校老師帶我進去看一

看,我說這個教學樓是我蓋的。老師說20年來,這棟樓連一片瓷磚都沒掉,旁邊那兩棟晚幾年蓋的樓,都一堆問題了。

「借錢600萬,註冊成立建築公司」

2005年底,思考再三後我決定不再當承包商,我想轉型升級,成立一個屬於我自己的正規建築企業。以我當時的理解,當承包商需要給靠行的建築公司百分之3的管理費,不管專案本身是虧是賺,建築公司都收管理費,穩賺不賠。

2006年2月20日,我申請到營業執照,辦公註冊地就寫家裡,註冊資金2400萬元,都是借來的錢,實際辦公地點是在外面租的一間100平方公尺的房子,租金20000元。

當時我不會電腦打字,所有檔案資料都是我用手寫,我老婆托一個朋友下班後幫我打字列印出來。各種資料辦好以後,已經7月了。真正開始拓展市場、承接專案的時候,我才發現建築公司也不好做啊!但是企業一旦成立,前期投入的心血和成本,讓你想停都不敢停下來,只能硬著頭皮上。

作為一個初創的民營建築公司,我能拚什麼?只能拚價格、拚口碑、拚信譽。這三個因素對我來說,其實是同一件事,就是拚做人。我是窮孩子出身,書讀不多也沒什麼背景,除了誠懇做人、認真做事,也沒什麼可以打動別人的。

前面幾年我沒經驗、沒名氣,為了資金周轉,靠民間借貸,

付了很高的利息,但還算穩紮穩打。我用誠信來打通上下游,對待下游供應商、承包商,我從不拖欠費用,每一分每一筆都清清楚楚,按期結算,帳期短資金利用效率高,供應商也願意給我優惠的價格,經驗豐富的承包商、各個班組,也願意長期跟我合作,大家互相瞭解,專案管理的磨合成本很低;對待上游,比如開發商、專案業主,我一貫的主張就是,問題和責任我全擔,不讓業主操心。工期進度、工程品質、預算執行,管好這些是我的本分,不能把麻煩丟給業主企業。久而久之有了口碑,局面才慢慢打開。

「創業十幾年,我終於決定把公司升級為一級資格」

創業前3年,因為我們只有三級資格,基本上只能承接12層以下、1萬平方公尺以下單體建築,5萬平方公尺以下的住宅社區,預算大概千萬級別的工程案。有些是市政公共建築,有些是私人企業廠房、辦公大樓專案,還有些是開發商的房產專案。

我用了3年時間把公司的建築資格(房建、裝修、市政)從三級提升到二級。2022年我才下定決心,把公司資格從二級升到一級。中間過去十幾年,中途也有機會可以升級,但建築資格需要很高的維護成本,從二級升到一級,每年成本要增加1200萬,如果沒有十足的把握,我不敢貿然行事。

多年在建築行業一線打拚，因此對市場行情和商機感受也靈敏些。我得知我們當地政府會推出好多大案子，都是幾十億的預算，需要有一級資格的企業才可以承接，而且為了振興經濟、穩定稅收，一定會傾向選擇本土企業，所以經過幾天幾夜的思考，我終於決定把公司資格升到一級。2022年2月做的決定，用了兩個月時間準備，我們4月就拿到建築一級資格。

　　可是一級資格申請下來後，接下來好幾個案子我們去投標，卻屢次不中，心理壓力很大。我們為升級資格花了很多精力和成本，但眼睜睜看著那麼多好的案子都被別人拿去走。所以我們就一直找原因、一直在分析，每天研究到半夜。這個標案開完怎麼是這個結果，背後是什麼原因？我們報價缺陷在哪裡？我們跟別人比輸在哪裡？這裡面存在什麼問題，有什麼規律？不斷推敲、不斷演示。

　　現在投標書都電子化，如果列印出來，起碼有兩大箱那麼多，多達上萬頁，工作量非常大，但我們還是不厭其煩地找差距、找線索、找進步空間。

「連拿兩個大專案，破了紀錄」

　　苦功沒有白費。2022年9月，江山歷史上最大的異地搬遷安居工程，得標價26.6億元，被我們拿下了。11月，江山最重要的民生標誌性專案，人民醫院遷建，建築面積21萬平方公尺，得標

價25.9億元,我們又拿下了。

兩個月兩個大案,總得標額超過52億元,破了紀錄。看似我們是一朝升天,但這背後我們走了很多年。

直到今天,我還是堅持每天早上7點多到工地,晚上工人下班後我才回家,這是我16歲那年跟著師父在工地上做雜工養成的習慣。我80%的心思和精力都還是花在工程案,其他地方別人做得好的專案,我也經常會去考察學習。我會看工地現場的主體結構、細部工藝、節點做法、人員服裝……各個方面,我看到好的工藝,可能就像女人看到好的衣服、包包一樣,心裡會想:哎唷,這個做得真好!這個怎麼能做到這麼好?用了什麼工藝和方法?我的專案也要做到這麼好!然後就會反覆研究,向老師傅打聽請教,並拍下照片和影片,回來繼續研究。

建築行業看似每天跟鋼筋水泥打交道,但其實考驗的還是做人。有很多人為因素會決定成敗,用心到什麼程度,建築就站在那裡歷經時間的檢驗。承接業主的案子,按理說我們作為建築商,跟監造方、設計方的地位相同,但我們沒有話語權,誰都能批評我們,怎麼處理好關係、把事情做好,說到底還是靠做人。

「感謝16歲的我:感謝你走出家鄉」

小時候媽媽常說:「做人要能忍,要積德行善,忍得住就能成大事。」年輕的時候,想忍但忍不住,碰到事情還會想要爭一

下,明明我是對為什麼不爭呢?但當經歷的人和事情變多,器量撐大後,忍字變成容忍,多大的矛盾都包容得下,也就不需要刻意去忍。不急於爭辯,也不在乎輸贏,贏了又怎樣呢?

最初創業的時候,只有老婆幫我。現在公司一步步升級,團隊也在壯大,正職員工幾十人,算上兼職有上百人。我沒什麼管理上的大道理,就是言傳身教、用心感化,我的心放在哪裡,我們員工看得到。我們家鄉有句俗語是「上船盼船浮」,公司老闆和員工其實都在同一條船上,員工希望公司好、有錢賺,老闆也希望員工跟著公司一起成長,過上好日子。民營建築公司的員工流動率高,這是個很頭痛的問題。我只能以誠相待、重守承諾。為了引進人才,答應的條件一定得滿足。同時我會培養儲備幹部,每個部門的每個關鍵職位都要保證後繼有人。

建築是個永遠都有市場的行業。儘管近幾年房地產受國家政策影響很大,但建築業跟房地產其實不。城市發展到一定地步,房子達到一定的年限,以前的規劃、佈局都要更新淘汰,推倒重來。所以,建築是值得做一輩子的事業。

創業這麼多年,我的人生境界不一樣了。最一開始吃一個蔥油餅就覺得人生圓滿;後來能買一輛摩托車,人生就圓滿;再後來能買得起自己的房子,人生就圓滿;現在,拿到建築行業最高榮譽魯班獎的那個小金人,是我的下一個目標。

回頭看,我很感謝16歲的我,感謝你走出家鄉,走出曾經的我想都不敢想的人生。

採訪手記

在這本書的採訪計畫中，我最重視的是從無到有、白手起家的創業者。沒有家世光環、沒有學歷加持、沒有財富家底，他們是怎麼開始的？又是怎麼走到今天的呢？今天故事的主角，是從工地的小泥工做起，然後做到施工員、承包商，最後竟做到建築公司的總經理，一路三級跳。

人們都喜歡聽逆襲的故事，但每個逆襲故事背後，是日積月累、日復一日的爬坡，慢慢地爬上這長長的坡。這個過程裡，有茫然、有掙扎、有堅持、有果敢。還是那句話，創業是勇敢者的遊戲，只看你肯為這份勇敢付出多少真心和努力。

（張忠華口述實錄完稿時間：2023年春）

虞德慶

1984 年生屬豬

- 水瓶座
- 遼寧遼陽人

我相信人生模式大於商業模式

從事行業：室內設計／醫療空間設計

年銷售額：數千萬元

創業時間：8 年

創業資金：0 元

「我曾一度很失落，找不到方向。人認真是為了什麼，不認真又是為了什麼？意義在哪裡？」

我的人生在35歲是個分水嶺。

我從小生長在一個放養的環境裡，爸爸先在一家礦廠企業工作，後來創業；媽媽學過聲樂，家裡有一些藝術文化氣息。我的外祖父有很高的學問，讀過很多書，我從小就很崇敬他。在我們那樣的小城市，我的外祖父是個特立獨行的存在。雖然親戚中有人覺得他不會養家、不務正業，告誡我：「不要像你外公那樣」，我卻不以為意。

記得我曾經跟隨外祖父在舊貨市場賣書。有人說起「葉公好龍」這個成語，我外祖父糾正說：這裡的「葉」不念ㄧㄝˋ，要念ㄕㄜˋ。在我眼裡，外祖父有一肚子學問，雖然我也不大清楚這些學問有什麼用，但我希望我能像他一樣。我6歲開始學畫。過年收到的壓歲錢，家裡的規矩是要上繳或是買書。我會買很多書，記得我很小就看《華夏五千年演義》、馮驥才的文集……

一直到中學，我學畫都沒有中斷。別的同學要上晚自習，我是去繪畫班。學校的一位副校長曾好心提醒我，美術當個興趣愛好就夠了，別把它當成專業。為了讓我打消畫畫的念頭，學校甚至叫我寫保證書，保證不能因為學畫而影響學業。好在媽媽支持我，她最常說的一句話就是「我支持你」。於是她幫我寫了保證

書，扛住學校的壓力。

2004年，我被中央美術學院（簡稱中央美院）設計學院錄取。進去才發現，我居然是宿舍裡年紀最小的，有的學生為了考進中央美院，竟有考了10年的！

中央美院跟我想像中的大學太不一樣了。我想像中的大學應該有大校園、大學生餐廳、大階梯教室……中央美院卻是小小的，什麼都沒有。加上年紀跟班級同學有差異，我曾一度很失落，找不到方向。人認真是為了什麼，不認真又是為了什麼？意義在哪裡？

「我的心裡有很強烈的創造願望，希望能與眾不同，希望能不同凡響。」

有次我在系裡的暗房沖洗膠片，把我辛苦存錢買的一支手錶弄丟了。那一陣子一系列大大小小的事情讓我很失望，我甚至產生退學的念頭。朋友提醒我，與其轉學不如轉系，從設計學院轉到建築學院，換換環境。我在校園裡晃了一夜，要何去何從還是無法決定。我外婆叫我用小時候教我的算卦方式幫自己占卦，結果是一定要轉，這也是我至今唯一用占卜的方式幫自己做決定。

於是，我大二從設計學院轉到建築學院，感覺是「學渣」混進了「學霸」隊伍。我以前一直都是用素描紙，連繪圖紙都沒用過，建築學院的專業課幾乎從零開始學起。我的建築專業導師傅

禕教授鼓勵我兼顧建築課業的同時，繼續設計學院的學業。

就這樣，我一邊以建築工學五年制學生的身份在建築學院學習，同時又以進修生的名義旁聽設計學院的課。幸運的是，我結識了設計學院的肖勇，他是2008年北京奧運會獎牌「金鑲玉」的設計者。

課餘時間我還在外面接案，幫印刷廠老闆做設計。一邊工作、一邊觀察，我看到老闆身上的很多侷限，心裡想著如果我是老闆，我一定會做出改變。象牙塔內的學習和社會上的實踐，是洗禮也是衝擊。

當時我就萌生兩個想法：我想創業，我的設計一定要能實踐我的心裡有很強烈的創造願望，希望能與眾不同，不同凡響。

「參加這檔創業節目的直接後果，就是我把公司收了」

2008年我在大學期間就完成一個定制記事本的商業專案，並在北京大學生創業大賽中獲得銀獎。因為有這個經歷，我受邀參加2009年中央電視臺（CCTV）2套的《創業英雄匯》的節目。借助CCTV這個平台和這檔節目，我接觸到很多知名創業導師和企業家。

跟這些有想法、有閱歷的人在一起，他們刷新我對創業的認知。他們在我心裡埋下一顆更好的創業種子，但是我也退縮了。

我了解到，老闆不是一上來就當得了的。當老闆應該是一個有專業和系統的事情，使命、價值觀、方法論、戰略戰術缺一不可。而且創業不能光想著賺錢，要有更大的格局和目標。

雖然有創業導師鼓勵我，說：「我看你骨骼新奇，一定可以！」但參加這檔創業節目的後果，就是我把公司收了。

我曾經鄙視一切，有好的工作機會找上來，我都看不上：我想創業，誰幫誰賺錢還不一定呢！但現在，我認清了自己的無知，願意俯下身去，從基礎學起。

當時我看到過一份資料，中國只有1%的大學生創業，這裡面也只有1%的人能成功，萬裡挑一的成功創業者中，60%～70%是做零售和餐飲的。可是在我眼裡，這些並不能稱之為企業家，而是小生意人，做的是簡單套利的生意而已。我希望我能做出更有價值、更有意義的事業，但現在還沒準備好。

「我只用了半年的時間，走完別人通常需要七、八年才能走過的成長道路」

中央美院裡有一位德高望重的博士生導師，他的同學在為自己的分公司物色負責人，希望這位導師推薦一位博士生，而這位老師居然推薦了我，但當時我只是一名大學生而已。老師說：「我曾經幫你們上過課，我對你印象深刻，我覺得你做什麼都會成功。」於是，在老師的推薦下，我進入他同學的公司。最初的

約定是先到深圳總部當助理設計師，接受3個月的培訓，結果我一做就是一年，也沒見有什麼動靜。晚上睡在像鴿子籠的宿舍裡，白天工作。

有時候連續工作四、五天，睏了就打開折疊床睡在辦公室，熬夜是家常便飯。當時公司老闆對我的評價是：「這個年輕人無論多辛苦都肯做，但就是不聽話、太有想法，有點不受控制，但又不得不用。」

於是他們出了道選擇題給我，要我從3件事中選一件做：一是杭州一家醫院，18萬平方公尺的室內設計裝修案；二是負責公司內部裝修，三是什麼我忘記了。第一件事是負責一家大型醫院的裝修，在當時是數一數二的大案子，我想都沒想就選了它。當時我才剛滿26歲，老闆在我第一次著手進行案子之前對我說：「在這樣的年紀承擔這樣的大案子，簡直是前無古人、後無來者，這是你的幸運，也是你的不幸。」

幸運的是有一個這麼大的真實專案交到我的手中，無疑是天大的機會；但不幸的是，這個專案的成功機率微乎其微，可能只有萬分之一，公司把它當作一個燙手山芋移交給我。

自此我一頭栽進專案中，從設計、各個環節細項到落地執行，我承擔了駐場總設計師的角色，但我把姿態擺得很低，甘願做忙內。比我大10歲的人，我叫哥；比我大20歲的人，我還是叫哥。總之嘴甜一點，手腳勤快一點，「拉同夥」、「找戰友」、「利益捆綁」，請專業的人做專業的事來提高成功率。醫院18萬

平方公尺的每一個角落，連樓梯轉角我都不放過，全都走遍了。我白天在現場解決各種問題，晚上就查閱國內外各種資料，惡補相關知識。我只用了半年的時間，就走完別人通常需要七、八年才能走過的成長道路。

杭州這家醫院室內設計專案，我不僅是做完了還做成功了，很多開辦醫院的都過來參觀考察。一位從美國回來的醫院院長還評價道：「看了那麼多家醫院，也就這家醫院像美國的醫院。」我用一年半的時間，從助理設計師一躍成為總監設計師。

「為理性的需求而設計」

那時候，我每天的狀態就是「站在高處問，泡在工地上」。現場碰到的很多現實問題，歸根究底都是在拷問「什麼才是好的設計」。這個長達一年多的工程案，對我來說最大的收穫是磨練我的判斷能力。每個問題擺在面前，我會判斷這是一個真實的需求還是一個「假想」的需求，這是為了短期利益還是長期效益。

醫療建築設計是最複雜的一種建築設計，因為它是全天候（一年365天、一天24小時都不能停）、全生命週期（生老病死）、全業態（包含醫療、餐飲、住宿、休閒各種服務功能）、全方位安全防護（防核、防磁、防化、防爆）的一種建築類型。一家醫院的室內設計，要考慮不同維度的各方面，難度是常規公共建築空間設計的好幾倍，但正是這種「為真實世界而設計」的

案子最能考驗、鍛鍊和提升人的實力。

當時整個設計和裝修思路,既要考慮到醫護人員的工作體驗,也要考慮病患群體的醫療體驗。所以在診療專業空間,我們會強調醫院的專業屬性,用室內設計彌補建築空間先天的缺陷,比如天花板低、走廊長、房間小等;在問診接待、病房療養區域,我們打破舊有實驗室裝飾風格,營造像家裡的溫馨氛圍;注重實用細節及人體工學、空間聲學、光學環境舒適度。在細部設計和施工階段,我們會合理搭配材料、平衡工程造價、控制好預算。

2012年經過導師推薦我回到北京,在北京城建旗下的一家分公司擔任常務副總,我從一名設計師又發展為一名設計高階主管,那幾年經手過一些大型交通樞紐(如火車站、地鐵站)的設計專案。我的一位老同學對我的評價是:「你不是設計師的料,你是當CEO的料。」

「為了落實『以人為本』的設計,甚至連醫院太平間我都想去躺一下」

2015年,我真的裸辭創業。當時正是數位化的趨勢,我因為有一些資源和人脈,打算做一個「車聯網」。產品定型、IT搭建、商業規劃、人員招聘、融資談判……我創業的熱情先把自己點燃了,但忽略了股權結構上的隱患,以及和投資人、合夥人在

專案方向的分歧,以至於這個創業案以我的離開而告終。

但我以前的作品卻也幫我帶來新的機會。因為有杭州醫院的成功設計案例,重慶一家大型醫院的室內裝修案找到我。這家醫院是西南地區排名第一的醫院,總面積有16萬平方公尺。我把這個項目視為我的封山之作,傾注了很多心血。

整個設計思路是「去醫院化」、「室內空間室外化」:門診1樓到5樓中間,留有一條100公尺長、8公尺寬的「步行街」,為綠化景觀搭建和藝術陳設提供充足空間。病人穿梭其間,綠植蔥翠、油畫布牆,心情會愉快許多。

每個病房區設有母嬰室和專門晾衣、洗衣的位置。病房的門都是朝走廊外開的,而不是一般往內推的。設計目的就是避免在患者推門進房間時,房門突然反彈關閉,如果發生摔倒等意外,醫護人員無法進門及時搶救。

為了把更多空間留給患者,我們設計了門診之間供醫患進出的雙通道,以及住院部病房、辦公雙通道的設計。這樣一來,醫生和病人路徑不交叉,雙方都獲得更舒適、更寬敞的活動空間。

所謂以人為本的設計,需要落實到現場空間的每一個細節裡。

專案完工後,甚至連太平間我都想去躺一下,親身感受,後來院長覺得太不合適拉住了我,因此沒躺成功。但醫院的新生兒護理室、遺體告別廳我都有一個個進去感受過。遺體告別廳特意設計成中間高、四周低的空間,不用直接照明,全部用反射光,

牆壁加了吸音裝備⋯⋯我希望人生的最後一程,是在寧靜柔和安詳的氛圍之中度過的。

「所謂勇氣,就是勇於改變可以改變的;所謂智慧,是能夠分辨出哪些是可以改變的」

前一陣子,院方傳給我一個醫院的短影片,夕陽西下,一些病人和家屬在醫院裡拍照留念⋯⋯我非常欣慰和感動。大家願意在醫院這樣的地方合影留念,也許是對我最高的讚賞吧。

負責設計大型三甲醫院及工程落地的經驗,讓我對這類專案有了上帝視角。雖然我不是上帝,但我知道一件事情應該努力到什麼程度,這個尺度的拿捏,也許就是格局。所謂勇氣,就是勇於改變可以改變的;所謂智慧,是能夠分辨出哪些是可以改變的。

中央美院的官方校訓,是徐悲鴻先生在建院初期從《中庸》中選取的「盡精微致廣大」六個字,這六個字不知不覺間也成為我堅持的精神品質。中央美院還有個不成文的「民間」校訓:不是難事不做,不是大事不做。

我就想去做難的事、大的事、長期的事。難其實是一種壁壘,把定性不夠、能力不夠的人排除在外;但難對我而言卻是另一種享受,越是有能力和資本的人,他的成長往往是非線性的跨越式成長。

為什麼很多人那麼愛學習，過了很久卻沒有什麼進步？其實多數道理都已經在這些人眼前演示過無數遍了，因為多數看似「學」的行為，本質上是「找」，找一個代價更小的方案而已，而對於代價「更」小的貪欲是無止境的，所以很多人便成為原地踏步的終身「學習」者。

　　都說「謙虛使人進步」，這句話的精髓其實是謙虛可以偽裝，但是進步卻很難偽裝，判斷一個人是否謙虛，只有看他是否進步。

　　人生不在於起跑線，而在於終點線，因為人生之路是一個進化過程，而且不是沿著一個平面前行。起跑線不重要，分得清楚哪些人看似在你前面實則在你之下，哪些人看似在你身後實則在你之上，這才最重要。

「讓上帝的歸上帝，凱撒的歸凱撒」

　　因為運作大型醫院專案，我的團隊也開始凝聚壯大，發展為30人的團隊。我把我的公司命名為「起來」，英文是「Cheelai」，是《義勇軍進行曲》英文版音樂專輯的名字。我覺得「設計」這件事還太小，「起來」的存在不僅是為了造物，更是創造物質文明，為夢想賦形。

　　我們專注於醫療健康領域的室內設計，很多人甚至不認為這算是一個賽道，都沒把它放在眼裡，而我覺得這是一個需求龐大

又值得深耕的領域。

從需求端看，醫療建設多是以國有資本為主導，缺乏職業工程管理的人才，缺乏被市場充分驗證的甲方工程管理人才；從供應端看，與活動場所、商場、餐飲、辦公、公共建築、住宅設計相比，醫療設計及工程處於產業生態的最底層，幾乎是室內設計行業鄙視鏈的末端，從事專業醫療空間設計的乙方人才也很稀缺。這造成目前這個行業比較突出的痛點──1.設計缺乏醫療專業性，裝飾過度不合理；2.只考慮到裝飾效果，沒有考慮到工程難度；3.選用的建材沒有考慮無障礙、耐久度、抗菌性、易用性等醫療要求；4.沒有裝配化意識，人手作業效率低，結果就是建設成本和週期失控。

而我們的團隊有過10年的大型三甲醫院的設計經驗，工程面積總計達100萬平方公尺以上，是一個實力堅強的專業團隊。我們的目標是劃出屬於自己的賽道，公司2019年的發展主題是「起來，前進！」2020年的主題是「變革者」，2021年的主題是「和誰在一起」。在我的賽道上的，再小也是我的重要客戶；不在我的賽道上的，再大我也不放在眼裡。

我們嘗試把過往常見的服務模式產品化，從服務到產品的轉變，其實是讓服務的內容界線更清晰，使項目更透明、品質更可控。「讓上帝的歸上帝，凱撒的歸凱撒。」

我們會將一家醫院開業營運前所需的所有準備工作列出內容清單，提供給甲方，讓甲方一目了然、心中有數。如果甲方發

現有超出內容清單的額外支出或任務，我們承諾由我們全數買單——我們就是有這個底氣，因為我們已經看透醫院室內設計施工的各個環節和要素。

「所謂的『月亮和六便士』，看到『月亮』的和看到『六便士』的是完全不同類型的人」

在這樣一個賺快錢的時代，我們選擇一條難走的路、漫長的路，這是價值觀使然。

如果有人問我：「我該選擇麵包還是理想？」我就會勸他：「如果你覺得這是個問題，那你還是選麵包吧。」因為心懷理想的人壓根不會產生這個問題，有這個問題的人，就不是理想主義者。

所謂的「月亮和六便士」，看到「月亮」和看到「六便士」的完全是不同類型的人。當然，只看得到「月亮」的理想主義者，是少數派、很稀有。人類總把少數的東西歸於偉大。其實我覺得，沒有理想也並不可恥，只看得到「六便士」也沒什麼不好，但把「六便士」包裝成「月亮」，把目標說成理想，這才可恥。

所謂知行合一，就是說的和做的要一致。如果一個老闆口口聲聲告訴員工專案最重要的是品質，但接那麼多破爛案子，整日趕工，這讓員工怎麼相信你？怎麼服氣？所以，在一個最倚重人

的價值的設計公司中,要如何留住人?如果僅僅是靠傳授技能,那麼人家一學會就走;只有培養一致的價值觀,建立認同和信任,才會牢牢凝聚在一起。說到底,設計師最好的作品,應該是自己。

理想就是「空洞」的,只有把空洞的東西變得豐滿才足夠可貴。

有時候跳得高和跳得遠是對立的。20歲的高點,可能是30歲的坑。

「我不會把我人生成功與否綁架在自己的企業上」

事實上,這幾年我們做的幾個大專案很不容易,籌備了五、六年,最後投標而未得標的經歷也有不少。對於我們這樣的民營小團隊,投標一個城市天字第1號的標案,就有點像馬斯克去搞火箭發射實驗,一個大的投標案並不像普通的一個日常小案子那麼簡單,成功與否還是對公司影響頗大。這幾年我也經常遇到對我們公司來說類似於火箭發射這種級別的失敗,如果發生在別人身上可能算是人生至暗時刻,但是細數起來,我好像沒有那麼多對失敗的恐懼,「火箭發射失敗」留給我的痛苦記憶也很少。

前幾天,劉潤老師跟我們分享了「中國總裁教練第一人」張偉俊老師的一個觀點:人生模式大於商業模式。張老師的這個

觀點說出了我的心聲。與其說我想成為一名成功的設計師或成功的企業家，不如說我更想成為一個人。所謂的專業是強調人的工具性，而孔子說君子不器。我就是想把我的一生過成我的「人」生。

我追求的是自我完善和超越，而企業是我與世界接觸的媒介。我一直保持著創業的狀態，但我不會把我人生成功與否綁架在自己的企業上。企業是生存風險極高的生命體，看清楚了這點，你還跟它計較什麼呢？

每個人的人生軌跡都是在不同階段解決不同維度的問題。

大學階段，我在學著怎麼成為一個職業設計師；領薪水階段，我在學著怎麼成為一名優秀的專案管理者；創業前的那幾年，我在學著怎麼成為一名職業高階主管；創業成立公司後，我在學著怎麼成為一名企業領袖。最近幾年，我在經營企業的同時，學著怎麼成為一名學者。

在網路衝擊下，全球設計陷入窘境，好像突然不知道什麼是設計，怎麼做設計了。設計是一種計畫，把「未來是可預測的」作為前提，但現實是未來並不能預測。我們學了很多設計的方法和技能，當這些絕對的方法碰上相對的世界，似乎就失效了。於是我想寫一本「設計相對論」的書，追本溯源，揭示設計的基因，說清楚設計擅長做什麼、不擅長做什麼。我希望經過努力，能留下來一點有價值、有意義的東西。

為了完成這本書，我重啟深度閱讀模式，從蘇格拉底、亞里

斯多德，一路讀到阿奎那、培根、笛卡爾、伽利略、牛頓、哈耶克，最近為了搞清楚腦科學對於「審美」的解釋，看了一些關於腦科學、認知心理學的論文。每當想要放棄的時候，總有朋友問我什麼時候出版。到處吹牛的好處，就是總有人鞭策你。

「我希望我能在終點線對自己說：我用我的一生過完了我的『人』生」

35歲之前，我一直難以找到人生目標；35歲以後，我在設計師、創業者、學者三種角色中切換，但其實都是為了能夠「做自己」。

我有時會想，如果沒有成為「我自己」而獲得所謂成功，那這到底算是「我」的成功，還是別人的成功呢？所以，做自己是一切的前提。

自己成為自己，自我的成立，就意味著「你我兩分」，身份獨立必然帶來孤獨的常態。做個正常人真的就是人生的方向嗎？所謂正常往往意味著「烏合之眾」。如果有人說我「不正常」，我會感到驕傲。

人生只過一回。我希望我能在終點線對自己說：我用我的一生過完了我的「人」生。

世人都說「歲月是把殺豬刀」，但終將有人會練就成「磨刀石」。

採訪手記

第一次見到虞德慶，是在一場私人董事會上。一屋子的人，不知為何我只對他感興趣，聊了之後，心想他果然是「奇葩」。他帶領一個小小的民營團隊，在做國營醫療系統的大專案，但在他身上看不出一點焦慮和饑渴，也找不到一絲創業者身上常有的銷售型人格的痕跡。我和他聊了一下午，才徹底懂了為何他在做這麼難的事情時，還可以保持這樣的豁達狀態。他說：我就是想把我的一生過成我的「人」生。如果沒有成為「我自己」，獲得的所謂成功，到底算是「我」的成功，還是別人的成功呢？看到「月亮」和看到「六便士」的完全是不同類型的人。你是眼裡只看到六便士的人，還是看得到月亮的人？這些問題一直縈繞在我腦海裡。那麼，你眼裡看到的是六便士還是月亮？你的一生過的是你自己的人生嗎？

（虞德慶口述訪談完稿時間：2021年秋）

夏立城

1973 年生屬牛
- 水瓶座
- 黑龍江綏化人

> 創業是我近二十年來的夢想

從事行業：IT 外包服務

年銷售額：數千萬元

創業時間：20 年

創業資金：12,000 元

我出生在黑龍江綏化地區的一個鄉村，父母都是老實的農民。小時候，我對「窮」沒有什麼感覺。就記得放學後在村西頭的河套上放馬，拉著韁繩直接騎在光溜溜的馬背上，沒有馬鞍，在草地上蹦蹦跳跳，盡情奔跑，傻呼呼的但很快樂，或許這才是真正童年的樣子。

五年級時，那個時代的小朋友流行戴草綠色的軍帽，看見合作社裡賣的軍帽，12元多一頂，想向父母要錢但開不了口，就想要靠自己賣冰棒賺錢買。我媽幫我找來一個紙箱，裡面鋪上幾層棉花套，罩上塑膠膜，我騎著我爸的破腳踏車，到村東頭的冷凍廠批發冰棒，4毛錢批發5根，我4毛錢3根賣出去，沿著村子大街小巷。有一次村裡放露天電影，我批發了一整箱冰棒，人家看電影我賣冰棒。一個晚上全部賣光，回家算錢發現賺了3塊錢，一次賺到一筆鉅款，興奮不已。整整一個暑假賺到快12元。買到了軍帽，高興得蹦蹦跳跳，在回家的路上捨不得戴，就夾在腳踏車後座貨架上，騎到家轉身一看，不見了。一切歸零，一個暑假的風吹日曬，幾分鐘就「化成泡沫」了。

「生意頭腦來自生存壓力」

1995年，我考上復旦大學物理系。在這之前我從沒出過遠門，我爸和我姨丈一起把我送到上海。至今記得，我們從上海火車站坐115路公車，再轉139路到達復旦大學。人生地不熟的3個

人走進校門，我爸把我叫住，從身上掏出8000塊錢給我。還沒看到物理大樓，一口飯也沒吃，他倆就匆匆返回火車站，他們怕花錢呀，出門在外都是壓力。

　　我的生意頭腦從哪裡來？應該是來自生存的壓力。8000元交完學費、住宿費，就沒剩下多少。助學貸款一個月是600元，成績前40%的能有獎學金，全年級83個人，大概30幾個人能得到，我總是那個擦邊拿到三等獎學金的，只有800元。班上全是全國各地考進來的高材生，城裡來的更是見多識廣。我當時說話還一口東北腔，普通話不標準，我在開口說話之前要先在腦帶裡飛快地把中文拼音過一遍，硬是想把口音糾正過來。

　　錢是我求學路上最大的難題。1996年的時候，我和同學湊出1440元買了一台BB CALL，當家教仲介，到處貼小廣告。不到半年，3個人每人賺了8000元。好景不長，附近高中一個也是當家教仲介的學生被抓起來了，還上了《新民晚報》，罪名是私刻公章，非法仲介。我們一看這狀況，嚇得趕緊不做了。

　　大三那年，爸媽為了付學費，過完年把家裡的小牛都賣了。7月放暑假，趕上1998年的大洪水，我口袋裡只剩下3200元，算一算發現火車票來回又要不少錢，那就不回去了！留在上海賺錢！去哪裡賺錢呢？我總不能去建築工地搬磚塊吧。當時，上海市警察局招大學實習生，我就去報名。報名後分配到聞喜路警署，我才知道是沒薪水的！但我們也不能反悔，叫我們去還是得去，但錢的事還是沒著落。在校園裡亂晃，看到有宿舍出租

VCD，我突然靈機一動，為什麼不自己也嘗試一下呢？我打聽到大渡河路有賣，就大老遠跑過去，那時沒有地鐵，好不容易找到地方，卻遇到市場整頓，賣光碟的都收攤了，我在那裡晃到天黑，沒找到一張光碟。我不甘心，四周溜達，在曹楊路邊上看到一家音像店，一張光碟40幾塊，我一口氣花2000元買了30幾張。一回到學校，就在中央海報欄貼小廣告，當天晚上賺了304元。我一算這可不得了了，40幾塊的VCD，我12元租出去，500元的投資5天就能回本，馬上追加投資！我又打聽到蚓江路有個專賣商場，去了之後才發現，原來「大本營」在這呢！彩版光碟只要36元。立刻大量買，跟奧斯卡有關的電影全被我買光了。

那時學校佈告欄貼的小廣告都只有一小塊。我想要做大、要競爭，怎麼辦呢？有一天，我突發奇想買了幾十張最大的海報紙和一盒麥克筆，趴在宿舍地板上寫了一夜，把電影片名一個個列上去，寫到凌晨三、四點，天沒亮就貼出去，把佈告欄全鋪滿。到了吃飯時間，學生們一個個拿著便當盒去學生餐廳，從佈告欄一路走過去，全都震驚了。有的一邊端著便當盒吃飯，一邊看我的海報，一看有個電影還沒看過，就來租VCD。生意一下變得火爆，之後的半年間，我賺了24萬元。

我後來總結，當時生意這麼好，是因為填補了大學生們的兩個需求：一個是消磨時間，那年有世界盃，比賽都在半夜踢，吃完晚餐到球賽開始，有一大段時間沒事做；第二個是精神需求，當時奧斯卡歐美電影還沒有普及，電影院裡也看不到，好多大學

生都是從我這裡得到的奧斯卡初啟蒙。我那時賺了錢就投入，買的全是新片，內容品質都好，大家都愛看。有時客戶要的片子我這裡沒有我就去找，找回來再租給他們。客戶想要看什麼，我就去進什麼貨。

眼看著要去警署報到，每天要上班，誰幫我顧生意呢？於是我又找了兩個學弟來輪班，做一休一。這樣有個好處，一個人前一天把光碟租出去，第二天客戶還的時候是另一個人收錢，互相配合還能互相監督，我一張光碟2元算給他們抽成，他們非常積極，這樣我就能安心在警署實習了。剛好遇到柯林頓訪華，來上海演講，由於我們保障了上海的安全，有提供津貼，賺了2000元。

日積月累，我的VCD片庫越來越大，生意也越來越好，周圍上海財經大學、同濟大學、輕工業高等專科學校的學生都慕名而來，把附近正規的影音店都打趴了。生意好到什麼程度？校園裡的教育超市發現怎麼零錢越來越少，一打聽才知道原來都跑我這裡了。所以每個星期超市經理就拿著一個大布口袋來找我換零錢，空袋拿過來，滿滿一袋背回去。

這事傳到學校那裡。學生會打了小報告，當時的校長看了就說：「不就是個窮學生半工半讀，想賺點錢把書念完，你們小題大作。」一句話就給打回去了。

時間到了1999年，一學期都沒好好學習，我該收收心了。我累積了上千張VCD，折舊賣不了多少錢，所以要另想辦法。我

這是有「品牌」的,應該整體轉讓,於是在外面貼了張佈告:庫存和品牌一起出清,每部40元。

4號樓的學弟找到我,把光碟片和品牌全部接手。脫手後我輕鬆多了,認真埋頭學習,整整15天都埋在書本裡,最後還是只得了個三等獎學金。

「創業路上的16個字:高人指點,貴人相助,自己努力,菩薩保佑」

我不是做理論物理的料,那時電腦網路剛剛興起,我覺得那是未來的方向,於是決定轉行。一畢業就進入一家網路公司,起薪很低,只有6000元,但可以邊學邊做,我一做就是3年。當年有個思科資格認證CCIE[1],我花了一年時間考過,而且不只自己考過,還架了個論壇,把英文案例翻譯成中文放上去,分享學習經驗,最熱門的時候有2萬人同時在線,後來得知有500個人透過我這個論壇考過了CCIE。

2001年跟朋友合夥開公司,一年有四十幾萬利潤,發展的還不錯。2002年有大公司要收購我們,四個合夥人裡面派了兩個過

註1:CCIE,全稱 CiscoCertifiedInternetworkExpert,是美國思科公司於1993年開始推出的專家級認證考試。被全球公認為IT業最權威的認證,是全球網路互聯(技術)領域中頂級的認證證書。

去談，結果一去不回，直接跳槽，丟下我們兩個。這該怎麼辦？我心一橫就自己開公司了。當時只有12000元，交給代理公司辦工商註冊花掉10000元，再請人家吃頓飯，就沒剩什麼錢。

有個老客戶聽說我創業了，就委託我採購4萬元的網路設備，我跟同學借錢完成第一筆訂單，現金流從負轉正。

公司剛開張，只有我一個員工，辦公室也租不起，只能在一位老教授的辦公室裡借了個座位，就這樣開始了。有案子就接，有求必應，先存活下來再說。

我記得夏天最熱的時候，原本上班那家公司的一位元老客戶陳老師找到我，說公司網路斷了非常著急，問我能不能馬上幫忙，趕緊過來搶修一下。我當時已經離職，但事情緊急，就去了。結果，我一連做了兩天兩夜，總算恢復了網路。

陳老師問：「你看收多少錢好？」

我答：「我只是幫忙，不收錢。」

陳老師：「那怎麼可以？」

我：「那就收12000元吧。」

陳老師當場打電話叫他們的唐主任過來。唐主任頭髮全部往後梳，穿著小西裝，下來問我：「多少錢？」

我：「12000元。」

唐主任：「太貴了。」

我說：「唐主任，那我就不收錢了，本身就是來幫陳老師忙的。以後陳老師需要幫忙，隨時叫我。」

唐主任一愣，當場沒說什麼。後來不僅把錢付給我，還問我說：「你們公司有提供的網路維修服務嗎？給我報價單。」從此，他們公司就成為我的客戶，直到現在已經快20年了。

　　還有個上海一直支援我的客戶，我服務了很多年，直到2017年老長官退休後，我們才第一次坐下來一起吃飯。席間他問：「你的學號是9519對吧，我的學號是7319。」我這才知道，他是我正牌的學長。商場上合作這麼多年，他從沒透露過，只是默默在背後幫我。創業路上，我一直謹記16個字：高人指點，貴人相助，自己努力，菩薩保佑。珍惜每個高人的指點和貴人的幫助，且走且珍惜！

「讓客戶離不開你，就是公司的核心競爭力」

　　2002年開公司，我到2003年才招募第一個員工，到2004年才租下自己的辦公室，只有幾十平方公尺。

　　IT外包服務又苦又累，平時沒事的時候，在一般企業裡是存在感很低的業務，一旦出事又很麻煩很要命。如果企業自己包攬IT運作維護，成本高、風險高、效率低、品質也低，所以我堅信IT外包服務是大勢所趨，公司也一直以此為主業，提供IT外包、網路安全、資料中心服務、系統整合、弱電工程、IT採購、微軟雲Azure／Office365、網站製作、系統開發、設備租賃、用友／泛微等「一站式」資訊服務解決方案。我每天想的，就是怎

麼把我的服務和客戶的需求無縫對接，把別人不願做又做不好的苦差事做到很精細精緻，讓客戶離不開你，這就是公司的核心競爭力。創業是一種生活方式，也是一種思維方式。怎麼把主業做大、做精、做深，是我這麼多年朝思暮想的第一件事情。

復旦物理系好像讓我們的腦袋開竅了，我們能夠發現問題、解決問題，用已知資訊推導未知資訊，建立了清晰的方法和觀念。公司發展的前幾年，我集中精力開發客戶，累積客戶，從各行各業的客戶身上找出共通問題逐一分解，把IT服務產品化、標準化、流程化。為此，我專門開發了一套公司內部管理軟體，納入業務模組、操作規範、回應時效、服務品質、客戶滿意度、市場拓展等各個因素，進行多方的績效考核激勵。這樣，一方面保障對客戶的服務效率和品質，另一方面也降低公司的管理成本，大大激發員工的工作熱情。

「人也好，公司也好，模型也好，都要有自我淨化的能力」

2012年，公司依賴的電話行銷模式失效了，我們被迫迅速轉向，轉為線上行銷。我那時就想，網路行銷不再是公司發廣告給客戶這種邏輯了，所有網路資訊都是以搜尋引擎的功能來完成採集、後臺決策，因此，網路時代的行銷邏輯就是要根據它的運算機制投其所好，給它便於抓、善於抓、樂於抓的資料，推送給潛

在目標客戶。一旦掌握這層邏輯和方法，我們公司也能成為網路行銷專家，只是我僅僅把它當作公司拓展客戶的手段，而不是公司的主業。

IT外包服務是拚技術，但更要拚服務。研究怎麼把IT外包服務做好，才是我的本分。隨著公司規模越來越大，客戶越來越多，我發現為了保障客戶的極致體驗，歸根究底是要保障員工的最佳工作感受。所以公司發展到後來，從最初的野蠻生長、規模化向外擴張、精細管理，過渡到以人為本、關注企業文化、用軟文化鞏固硬實力的階段。公司和員工不再是簡單的雇傭關係，而是互相尊重、彼此關心的命運共同體。

你是什麼樣的人，周圍就會聚集什麼樣的人。人分三種，一種是自燃的，不用鞭策就能自我激勵向前衝，向上精進；一種是可燃的，在團隊的帶動下，也肯上進成長；還有一種是不可燃的，比較消極被動。如果老闆屬於「自燃」、「可燃」型的，那麼員工也大多是這樣的；如果真的遇到「不可燃」的，我會想是不是火不對。在別的地方點不著，在我這裡換把火，怎麼樣都能點著。

反過來，公司要讓員工有好的工作感受、有成就感。我們也從客戶方面進行調整，從上千家客戶中篩選出500家核心客戶，核心客戶的基本形象是管理思想先進，盈利能力強，行業地位高，管理層重視IT業務。服務好客戶，員工與公司形成命運共同體，公司與客戶連接成發展共同體。優秀的員工服務優秀的企

業，就是最好的商業模，也能讓我們成為客戶的剛需。

前幾年，創業投資火熱的時候，我也曾盲從過，很多資金找上我，要我融資、要我擴張、要我上市，我一時也頭腦發熱。我的一個好朋友當時就問我：「老夏，如果你沒有這筆錢，是不是企業就活不下去了？」我說不是。他又說：「如果你拿了這筆錢，會不會捲款潛逃，一走了之？」我說不會。我的朋友就說：「這兩件事都不可能發生，那你為什麼還要融資呢？」一語驚醒夢中人，從此踏踏實實做我老本行。我們這種服務企業的B端市場，靠砸錢實現快速擴張確實是行不通的，多少公司是被錢燒死的。

2018年，公司規模創新高、業績創新高，團隊人數眾多，一派欣欣向榮，但我隱隱感覺到危機。我算了一筆細帳：我們收入雖高，但服務利潤趨近於零，一年中流失80幾個客戶。公司發展這麼多年，進入「中年危機」：管理層精神懈怠，中層管理鬆散，公司彌漫著自我迷戀、盲目膨脹的氣息。這背後的原因，是我那套引以為豪的管理模型疏於更新和進化。

市場、客戶、環境、公司和人都在發展變化，而我的管理模型沒有及時跟上這些變化的步伐。當時我發起一場「危機模擬」的大討論，如果到年底我們只賺200萬，該怎麼辦？公司上下一致認為：要不老樹發新芽，要不被新樹幹掉。整個團隊需要居安思危，重拾創業初心。經過一年的梳理和整頓，公司管理層改善了1／3，企業管理成本一年節約2000萬，客戶流失率降到幾乎為

零,服務毛利上升到30%。人也好、公司也好、模型也好,都要有自我淨化的能力,以適應不斷變化的環境。

2020年疫情來臨時,我們公司剛好處於上緊發條、輕裝上陣的狀態。很多純外資企業和規模化企業,原本都有自己的IT部門,疫情衝擊之下,迫於成本的壓力,紛紛裁員轉為外包服務;很多傳統行業的客戶,也因疫情而加速數位化轉型的步伐。種種因素疊加,IT外包服務的市場需求出現極大的釋放,我們公司的業務量增長30%以上。在這個賽道上,我們還是市場佔有率第一的中小型頂尖企業。

當年IBM起家的時候是做打字機,其他對手的戰略定位都是成為最厲害的打字機製造商,而IBM的戰略定位卻是做資訊處理,格局決定了事業的疆域。我們公司立足於IT外包服務,但IT外包服務的內涵和價值也要與時俱進,跳出「網路運作維護」的侷限,我將它重新定義為「網路運作維護整合服務商」,服務範疇從企業內的電腦、伺服器、網路設備整體健康性運作維護,擴展到自攜設備(BYOD)運作維護及智慧家庭系統。

「每個人心中都有一片戈壁,你心中相信什麼,就會看見什麼」

我一直相信,人賺不到自己認知極限以外的錢,所以需要不斷突破自己的認知侷限。2010年,因為受到痛風困擾,也想在認

知層面有所擴展，我開始長跑，後來愛上戈壁馬拉松，為了能有參賽資格，我還去讀了個EMBA。人家讀EMBA可能是為了學習深造，我是為了戈壁馬拉松，一跑就停不下來。

參加戈9（第九屆戈壁挑戰賽）時，我像野獸一樣跑向終點，我想和自己比一次。我第一次看到戈壁的感覺就像我第一次看到大海，4500萬年前這塊戈壁確實就是一片汪洋。我跑了大概2公里開始流淚，莫名其妙地流下大約500毫升的眼淚。我一直在想，戈壁是荒涼的，人心是熱的，我不能把那些曾經和我一起訓練過的隊友留在戈壁上，一個人衝向終點。距離衝刺帶還有3公尺遠的時候，我往回走了8公里，往返大概多走了16公里，陪伴最後一個隊員來到終點。

到了戈11（第十一屆戈壁挑戰賽）的時候，我自己設計路線，想把399公里的玄奘之路一口氣走完。「一心一世界。」走在荒原時，我們感知到的是什麼？有人感知到的是荒蕪，沒有任何生機，但如果換一個角度呢？在戈壁上，我看到一朵花，我在這朵花旁邊站了20分鐘，我就靜靜看著，莫名地感動。戈壁的天氣極端惡劣，就像人生遇到的困境，這朵花犧牲了很多東西，包括它的枝葉，但是它堅守了自己的心。我們的身體是什麼？我們身體是我們靈魂的載體，我們應該守護好自己的心。

有人問我為什麼上戈壁？其實，我們每個人生下來就在尋找某樣東西，有的人找到了、有的人沒找到，可是大家終其一生都在尋找。但是在戈壁上一定能找到一些不同的東西，或許是感

悟、或許是收穫、或許是放下。每個人心中都有一片戈壁，你心裡相信什麼，你就能看見什麼。

我大學時是學理論物理，在我的觀念裡，宇宙的一切都是有答案的，就像是公司推行的精確管理，每一個員工按照流程總是不會出錯。但是幾次戈壁之行告訴我，世界並非固定不變，而是充滿無限可能，如果人為去設限，將失去很多可能。我開始從哲學的角度來思考企業發展，面對複雜的人性，「精確化」管理只能是相對的而不是絕對的，因為精準的管理與人的個性化和多樣化相悖。與其追求「精確化」，不如追求「精緻化」，把人的因素放在首位，喚起員工的初心。

玄奘大師曾經走過的流沙路，也是中國企業家精神的一條朝聖之路。在一路向西的行進中，我腳上先是起水泡，然後是血泡，把血泡踩碎之後變成繭。我走到終點時，感覺還能再走800公里，因為腳已經不一樣了。其他隊員老是跟我開玩笑：「老夏，你怎麼回事，我剛走幾步，發現你在我後面晃。我又走幾步，發現你卻走在我前面了。」其實，我之所以堅持一直走，是因為我的腳非常痛，在極端痛苦的時候才能感受到堅持的力量。

我們的人生也就像這條要不停走下去的路。一路上，我沒有刮鬍子，它就越來越長。人生中遇到的困難和煩惱就像我的鬍子，剛長出來的時候很扎手、很刺眼，但是長到1公分的時候，就又變得有男人味了。

「未來的10年、20年,我為誰努力?」

有3本美國人寫的書對我的啟發和影響很大:美國黑石集團創始人蘇世民寫的《蘇世民:我的經驗與教訓》、橋水基金創始人瑞‧達利歐寫的《原則》、NIKE創始人菲爾‧奈特寫的《跑出全世界的人》。這三個美國人都是白手起家,一路走來穩紮穩打,百折不撓,他們是真正的創業者。再聯想到日本的稻盛和夫和秋山利輝所推崇的匠人精神。這幾個人所傳遞的價值觀,有共通之處:誠信、專注、堅韌、利他。

當年選擇創業,是為了解決自己的生存問題,但現在我就會思考,未來的10年、20年,我會為誰而努力?走在荒原上的時候,我一直在想《擺渡人》這本書,在無盡的荒原上行走,我們在認識自我,也在擺渡靈魂,我想擺渡自己,也要擺渡他人。

從大學時半工半讀到之後的創業,一路走來承蒙太多校友的支援,認識的、不認識的,這種互助情懷一直是我心裡的溫暖和力量。我有幸當選為復旦校友創業創新俱樂部負責人,盡力把這份互助的力量凝聚和發揚出去。佛教信仰前世今生,我們每一次相遇都是久別重逢,我相信我能聚集很多智慧和能量,傳遞給更多的人。

採訪手記

其實夏立城是我啟動這個採訪寫作計畫的第一位受訪者。我把他的口述訪談放在本書的最後一篇,是因為這對我有特殊意義。由於是同輩校友的關係,我和老夏在同一個校友群組裡,只能算是朋友圈裡的「按讚之交」。採訪當天是我們第一次真人見面,地點約在他公司附近的一家安靜的日本料理店。中午工作休息時間,他帶著一瓶茅臺酒如約而至。他一邊吃著生魚片、抿著小酒,一邊講述他的成長歷程,不知不覺時間過去了3個小時。他的不拘一格、誠懇相待,留給我很深的印象。他的奮鬥、他的徬徨、他的掙扎、他的感悟,像桌上一盤盤精緻的日式小菜,坦陳在我面前,一覽無餘。如果說,在採訪前我還對這個採訪寫作計畫有一絲絲忐忑的話,正是和老夏的這次訪談給了我信心:我發現創業者群體這塊寶藏,他們太需要傾聽,也值得被記錄。採訪本身對我而言就是一場洗禮,完成寫作又是一次開示。我深感幸運,有勇氣讓內心的一個念頭變成行動,也因為老夏,這個寫作計畫有了個好的開頭。

(夏立城口述訪談完稿時間:2020年秋)

結語

創業者幾乎每天都在與「不確定性」貼身肉搏，磨練著最強大腦和最強心臟。有沒有通用的創業心法，去應對撲面而來的不確定性呢？這一章裡的4位創業者，在思想和行動上交出了他們的答案。

Nick創業趕上了時代紅利，「每天像開了印鈔機的好日子，過了四年」，但後來也曾因為沒搞懂產業本質，「憑運氣賺的錢，憑實力賠回去」。他總結道，人生裡有兩種關係很難逾越：一是內部的，個人認知能力和內心節奏，你跳不開生命中的成長規律；二是外部的，就是你選擇的賽道及方向。如果內外兩者合拍，則所向披靡；如果兩者錯配，又不能及時醒悟，則奔向失敗。

Nick用「跌到低谷」才換來的創業經驗和感悟，凸顯了內在與外部的辯證關係：內在的生命節奏與外部的產業趨勢，兩者要

合拍而不要錯配。

我不知道張忠華在老家磚廠拉板磚的時候，還有在冬夜工地毛竹架上擦水泥灰的時候，是否會想到多年以後，他將成為承接當地史上最大兩個民生工程專案的民營建築公司老闆。讀者們可能會驚嘆他的人生三級跳跳得很高，但實現三級跳之前的那個坡又緩又長。

張忠華其實也沒少遭遇艱難時刻，在長期目標與短期現實發生衝突的時候，不得不做出權衡取捨。做承包商期間，他寧可承擔高額利息，靠民間借貸填補虧空、周轉資金，也不想連累上游公司，也不能虧待下游工班和供應商；即便虧損百萬，也要把工程做成建築標竿。成為建築商後，公司從二級資格提升到一級資格，中間過去十幾年，在成本與機會之間，張忠華又顯示出足夠的耐心，謀定而後動，懂得有所為有所不為。

在張忠華身上，展現了短期利益與長期效益的辯證法。《孫子兵法》云：「軍有所不擊，城有所不攻，地有所不爭，君命有所不受。」為了終局勝利，「不計較一城一池之得失」。當老闆幾乎每天都要做許多決定，學會讓短期目標為長期目標服務，才不會偏離初心和航向。

虞德慶從事醫療健康領域的空間設計，產業壁壘很高，「做幾個大案子很不容易，籌備五、六年，最後投標未得的經歷也不少」。對於一家民營小團隊，投標難度有點像「馬斯克去搞火箭

發射實驗」。類似於火箭發射這種級別的失敗，如果發生在別人身上，算是人生的至暗時刻，但是給虞德慶留下的痛苦記憶卻很少。他說企業是生存風險極高的生命體，看清楚這點，還跟它計較什麼呢？

有這種底氣加持，虞德慶勇於去挑戰困難的事、宏大的事、長期的事。難，其實是一種壁壘，將定性不夠、能力不夠的人排除在外；難，是另一種享受。

對外部壓力、事業挫折保持鈍感，對市場機會、客戶痛點保持敏感，掌握敏感與鈍感的辯證法，可以讓創業者保有積極的內心力量，持續向前。在鈍感與敏感的切換之間，事情的難易也會發生轉變。因為難也是一道高高的門檻，隔絕機會主義和劣質競爭，形成少有人走的路。少有人走的路，才是容易走的路。

夏立城創業20年，個人和企業都曾面臨「中年危機」。他每隔一陣子，就去參加沙漠「戈壁馬拉松」，在一路向西的行進中，腳上先是起水泡，然後起血泡，把血泡踩碎之後變成繭，走到終點時腳已經不是原來的腳了。「在極端痛苦的時候才能感受到堅持的力量。」他相信每個人心中都有一片戈壁，你心裡相信什麼，就能看見什麼。

2018年，在公司規模創新高時，他看到繁榮之下的隱憂，發起了一場「危機模擬」的討論議題，如果到年底只賺20萬該怎麼辦？公司上下一致認為：要不老樹發新芽，要嘛被新樹幹掉。

於是,整個團隊重建發展共識、重拾創業初心、重塑管理團隊,成功渡過「中年危機」。「人也好,公司也好,模型也好,都要有自我淨化的能力」,這就是老夏的創業辯證法。自我淨化,要有跳出舒適圈的魄力,適應環境變化的勇氣和自省的誠意。既能享受「形勢一片大好」的榮耀,又能敢於直視痛苦的深淵,割掉虛榮與驕傲。生命在吐故納新、一張一弛,舉起放下之間蓬勃生長。自我淨化能力就是活著的生命力。

創業者高密度、高濃度的工作與生活,造就了他們對人生體驗和生命覺察的深度和高度。你是否有足夠強大的心臟,去縱身一躍親身感受一番?還是隔岸觀火,透過他們的故事,喚醒自己的使命?

內在與外界、短期與長期、鈍感與敏感、困難與容易、痛苦與堅強、危機與繁榮、收穫與放下……這些關於創業的辯證法,希望能夠成為你前進路上的護身符。

後記

在別人的故事裡讀懂自己

不知不覺間,本書的採訪寫作計畫,已經進行整整三年(從2020年秋到2023年冬,2022年中斷了一陣),我採訪近百位不同背景、不同產業的創業者,撰寫的口述訪談累計起來大概有30萬字。

三年寫出30萬字是種什麼感覺?

我只有一句詩可以形容:輕舟已過萬重山。

我其實是一個只有三分鐘熱度的人,從小到大興趣不少,但總缺乏耐心和恆心,半途而廢是我的人生常態或者說是「魔咒」,幾乎沒有能堅持做到一年以上的事情。這次是個例外。人到中年碰到例外,我都願意當成是意外的禮物。

一切開始於一個非常模糊的念頭。2020年疫情初始,生活突然被按下暫停鍵,大家都困在家裡,無所事事、無所適從。一切

都變得懸而未決。曾經孜孜以求的、理所當然的、耿耿於懷的、慣性使然的⋯⋯好像都在「暫停鍵」面前現出原形。什麼是牢靠的？什麼是值得的？什麼是我真正想做的，而且不用太仰仗外力就能做好的？創業者口述訪談寫作計畫，就這樣漸漸浮出水面，我想為普通的創業者立傳，記錄這個時代被忽略的傳奇。這個念頭看似有點不知天高地厚，但退一步看，拋開功利的目的，其實說難也不難，只需要一支筆、一個筆記本和一顆願意傾聽的心。

為了實現這件事，我把開始的門檻降到最低。我問了自己兩個問題：

「如果寫的東西沒人看，你還願意寫嗎？」

「如果這件事情不賺錢，你還願意做嗎？」

答案都是肯定的。

於是，我調整自己的生活結構，保證每週能空出兩天的時間來執行這個計畫。

我像是幫自己按下一個啟動鍵，後面的事情好像就水到渠成了。沒有掙扎、沒有糾結、沒有患得患失、沒有半途而廢，時間因為有了訪談和寫作的約定而有了清晰的刻度，每個刻度上都留下值得回味的印記，這讓我一直處在樂此不疲的狀態裡。

原來熱愛才是核心競爭力。

印度有句俗語說：「任何時刻開始，都是對的開始。」而我最大的收穫是，我在別人的故事裡讀懂了自己。

在我看來，創業者，尤其是創業超過3年、公司能存活下來

的創業者，都是先知先覺的一群人，是行動伴隨心動的一群人，是勇氣和認知相匹配的一群人。他們的實踐、經歷和感悟，對我是很豐富的滋養。每一位創業者都是獨一無二的存在，但從他們身上，我又能強烈感受到時代與個人的共振。

這是一個自我意識覺醒的時代。

——我和他們都在試圖征服世界的旅途上，開始發現自我、認識自我和審視自我。唯有解決人與自我的關係，才能解決好人與世界的關係。很多創業者正好是在深刻瞭解自己以後，甚至是在經歷人生的「覺醒時刻」之後，才找到創業的支點和方向。那種內心的火苗，是支持他們源源不斷攻堅克難的動力泉源。

這是一個價值重估的時代。

「內卷」這個詞為什麼會在當下冒出來，並喚起巨大共鳴呢？因為曾經的成功方法似乎沒用了，至少是邊際效應銳減。曾經覺得有價值的東西不值錢了。同樣的努力換不來以前的回報，努力出現通貨膨脹。什麼是價值？如何創造價值？把努力用在哪裡能夠實現價值的最大化？這些是創業瓶頸期、轉型期最常拷問的問題。

這是一個獎勵勇氣的時代。

——創業成功的，或者說那些對自己人生有更強掌控感、更高認可度的人，不一定是最聰明、最勤奮的，但一定是最有勇氣的。勇於傾聽內心的聲音，勇於對隨波逐流說「No」，勇於對

生活慣性說「Why」，勇於對不確定性的未來說「Yes」，勇於對變化說「WhyNot」。

感謝每一位向我敞開心扉、把自己的成長經歷和創業感悟和盤托出的創業者。你們像一面面鏡子，讓我學會進一步認識自己；也像一座座燈塔，把探索之路照亮。

本書從最初的一個心底冒出來的小念頭，到後來積沙成塔累積成一本書，何嘗不是我一次小小的「微創業」呢？信不信由你，我與大部分的受訪者，在採訪當天是第一次見面。在採訪之前，我也不知道會遇到什麼、發生什麼？但我深信，我將滿載而歸，我是在奔湧不息的時代中「打撈故事」的人。

每一次深度訪談，都是對我認知的提升和內心的洗禮。日積月累之下，我甚至覺得，我好像上了一所沒有教室、沒有教科書的「野生商學院」。每一位創業者都是我的「創業」導師，讓我的思考力和行動力不斷提升。在籌備出書的過程中，我也在關注他們的發展變化和成長裂變，我出書的速度遠遠跟不上他們「進化更新」的速度。我希望這本書裡所傳達的精神內核，不會隨著時間的流逝而失效，也期待在未來，能繼續追蹤、講述他們後來的故事。

創業之路沒有完成式，只有進行式。

「為普通的創業者立傳，記錄這個時代被忽略的傳奇」，這是我啟動這個採訪寫作計畫時立下的豪言壯語，其實只是為了替

自己壯膽，就像天黑走夜路時吹口哨一樣。現在我相信，把每一天當作新的一天，把每一年當作新的一年，把人生當作自己的人生，這就是傳奇。

達另

寫於上海2023年冬

Orange Money 17

那些創業的人，後來都怎麼樣了？
——20 位創業者的故事告訴你，這些道理不要等當了老闆才懂！

作者：達另

出版發行

橙實文化有限公司 CHENGSHIPublishingCo.,Ltd
粉絲團 https://www.facebook.com/OrangeStylish/
MAIL:orangestylish@gmail.com

作　　者	達另
總 編 輯	于筱芬
副總編輯	謝穎昇
業務經理	陳順龍
美術設計	點點設計

本作品中文繁體版通過成都天鳶文化傳播有限公司代理，經杭州藍獅子文化創意股份有限公司授予橙實文化有限公司獨家發行，非經書面同意，不得以任何形式，任意重製轉載。

編輯中心
ADD ／桃園市中壢區山東路 588 巷 68 弄 17 號
No. 17, Aly. 68, Ln. 588, Shandong Rd.,Zhongli Dist.,
Taoyuan City 320014, Taiwan (R.O.C.)
TEL ／（886）3-381-1618FAX ／（886）3-381-1620

全球總經銷
聯合發行股份有限公司
ADD ／新北市新店區寶橋路 235 巷弄 6 弄 6 號 2 樓
TEL ／（886）2-2917-8022　FAX ／（886）2-2915-8614

初版日期 2025 年 5 月